国家卫生健康委员会

十三五

全国高等职业教育配套教材

供临床医学专业用

细胞生物学和医学遗传学实验及学习指导

主　编　关　晶

副主编　阎希青　高江原

编　者（以姓氏笔画为序）

王　英（厦门医学院）　　　　　　尚喜雨（南阳医学高等专科学校）

王敬红（唐山职业技术学院）　　　张群芝（漯河医学高等专科学校）

左　宇（四川中医药高等专科学校）唐鹏程（永州职业技术学院）

关　晶（济宁医学院）　　　　　　阎希青（山东医学高等专科学校）

李荣耀（沧州医学高等专科学校）　高江原（重庆医药高等专科学校）

朱友双（济宁医学院）　　　　　　程丹丹（大庆医学高等专科学校）

人民卫生出版社

图书在版编目（CIP）数据

细胞生物学和医学遗传学实验及学习指导 / 关晶主编 . —北京：人民卫生出版社，2019

ISBN 978-7-117-28505-6

Ⅰ.①细… Ⅱ.①关… Ⅲ.①细胞生物学 - 实验 - 高等职业教育 - 教学参考资料②医学遗传学 - 实验 - 高等职业教育 - 教学参考资料 Ⅳ.①Q2-33②R394-33

中国版本图书馆 CIP 数据核字（2019）第 098905 号

| 人卫智网 | www.ipmph.com | 医学教育、学术、考试、健康，购书智慧智能综合服务平台 |
| 人卫官网 | www.pmph.com | 人卫官方资讯发布平台 |

细胞生物学和医学遗传学实验及学习指导

主　　编：关　晶
出版发行：人民卫生出版社（中继线 010-59780011）
地　　址：北京市朝阳区潘家园南里 19 号
邮　　编：100021
E - mail：pmph @ pmph.com
购书热线：010-59787592　010-59787584　010-65264830
印　　刷：北京市艺辉印刷有限公司
经　　销：新华书店
开　　本：787×1092　1/16　印张：12
字　　数：307 千字
版　　次：2019 年 6 月第 1 版　2019 年 6 月第 1 版第 1 次印刷
标准书号：ISBN 978-7-117-28505-6
定　　价：32.00 元

打击盗版举报电话：010-59787491　E-mail：WQ @ pmph.com
（凡属印装质量问题请与本社市场营销中心联系退换）

前　言

　　《细胞生物学和医学遗传学实验及学习指导》是国家卫生健康委员会"十三五"规划教材、全国高等职业教育教材《细胞生物学和医学遗传学》第6版的配套教材。

　　细胞生物学和医学遗传学是生命科学领域的前沿学科，是现代医学教育中的重要课程，其研究成果已广泛应用于基础医学和临床医学，掌握这两门学科的实验研究方法对于从事基础医学和临床医学工作是十分必要的。另外，这两门学科作为生命科学的前沿学科，知识覆盖面广，内容抽象，学生不易理解和掌握，学习难度大。为了帮助学生更好、更有效地掌握知识点，能顺利通过课程考试、走出无所适从的困境，我们根据多年的教学经验和体会，对教学内容进行了提炼、归纳和总结，汇编成为学习指南。同时配以一定数量的练习题，使学生对两门课程的重点、难点有较好地了解和把握，并具备一定的解答问题的能力。

　　本书共分为两个部分。第一部分为细胞生物学和医学遗传学的实验指导，这部分包括11个实验，包括光学显微镜的基本构造及使用、细胞基本形态结构与显微测量、细胞的显微及亚微结构的观察、细胞的有丝分裂、减数分裂、人外周血淋巴细胞培养及染色体标本制备、人类非显带染色体核型分析、人类皮肤纹理分析、遗传病分析、遗传咨询及医学遗传学社会实践活动——家乡遗传病调查。第二部分为细胞生物学和医学遗传学的学习指导，包括各章内容要点、难点解析、练习题及参考答案，以求提高教学效果，便于学生自学。

　　在本书的编写过程中，编者对每一内容都进行了反复推敲、斟酌，付出了大量精力和艰辛劳动。尽管如此，由于作者学术水平有限，加之编写时间仓促，难免存在疏漏、不妥和错误，敬请使用本书的广大师生批评指正。

关　晶

2019 年 3 月

目　录

第一部分　实　验　指　导

第二部分　学　习　指　导

第一部分　实　验　指　导

实验一　光学显微镜的基本构造及使用

【实验目的】

1. 掌握：低倍镜和高倍镜的使用方法。
2. 熟悉：油镜的使用方法。
3. 了解：光学显微镜的基本构造及其成像原理。

【实验用品】

A 字片、红绿羊毛交叉片、人血涂片、光学显微镜、培养皿、擦镜纸、香柏油、二甲苯。

【实验原理】

　　光学显微镜是利用光学的成像原理来观察生物体的结构。光学显微镜的主要部件是物镜和目镜，均为凸透镜。物镜的焦距短，它的作用是得到物体放大的实像；目镜的焦距较长，它的作用是将物镜放大的实像作为物体，进一步放大成虚像，通过调焦可以使虚像落在眼睛的明视距离处，在视网膜上形成一个直立的实像。

　　显微镜的分辨率是由物镜的分辨率所决定的，所谓分辨率就是指显微镜或人眼在 25cm 的明视距离处，能分辨出标本上相互接近的两点间最小距离的能力。这个可分辨的最小间隔距离越近，则分辨率越高。据测定，人眼的分辨率可达 0.1mm，显微镜的分辨率能达到 $0.2\mu m$。目镜与显微镜的分辨率无关，它只是将物镜已分辨出的影像进行第二次放大，达到人眼能容易分辨清楚的程度。显微镜的总放大倍数等于物镜放大倍数与目镜放大倍数的乘积，常用显微镜的最大放大倍数一般为 $100 \times 16 = 1600$ 倍。

【实验方法】

一、光学显微镜的主要构造

　　光学显微镜由两个部分组成：机械系统、光学系统（实验图 1-1）。
　　1. 机械系统　显微镜的机械系统包括镜座、镜柱、镜臂、镜筒、物镜转换器、载物台、调焦装置等部件。
　　（1）镜座：即显微镜的底座，可以稳定和支持整个镜体。
　　（2）镜柱：镜座上面直立的短柱，用于连接镜座和镜臂。
　　（3）镜臂：镜柱上方的弯曲部分，支持镜筒与载物台，取放显微镜时应手握此臂。

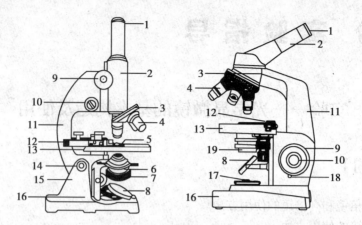

实验图 1-1 普通光学显微镜(左图为直立式镜筒,右图为倾斜式镜筒)
1. 目镜 2. 镜筒 3. 物镜转换器 4. 物镜 5. 通光孔 6. 聚光器 7. 光圈 8. 反光镜 9. 粗准焦螺旋 10. 细准焦螺旋 11. 镜臂 12. 移片器 13. 载物台 14. 倾斜关节 15. 镜柱 16. 镜座 17. 照明装置 18. 粗调限位环凸柄 19. 滤光片

(4)镜筒:安装在镜臂前上方的圆筒,上端安装目镜,下端安装物镜转换器,并且保护成像的光路与亮度。

(5)物镜转换器:镜筒下方的一个能转动的圆盘状部件,盘上有 3~4 个圆孔,可安装不同放大倍数的物镜。观察时转动物镜转换器可调换不同倍数的物镜。

(6)载物台:放置观察用的标本片的平台,中央有通光孔,来自下方光源的光线通过此孔照射在标本上,载物台上安装有移片器,为固实标本片之用,并使标本片能够前后、左右移动。

(7)调焦装置:显微镜的镜臂上装有两种可以转动的螺旋——粗准焦螺旋和细准焦螺旋,能升降载物台,调节成像焦点,得到清晰物像。

1)粗准焦螺旋:大旋钮为粗准焦螺旋,转动一圈可使载物台上升或下降 10mm,可迅速调节物镜和标本之间的距离使物像出现在视野中。在使用低倍镜时,可先用粗准焦螺旋找到物像。

2)细准焦螺旋:小旋钮为细准焦螺旋,转动一圈可使载物台上升或下降 0.1mm,在低倍镜下为了得到更清晰的物像的时候使用,或转换使用高倍镜、油镜时使用。

2. 光学系统 显微镜的光学系统主要包括反光镜、聚光器、物镜、目镜四个部分。

(1)反光镜:安装在镜座上,是一个可以自由转动的双面镜,一面是平面镜,一面是凹面镜。用于将不同方向来源的光线反射到聚光镜的中央以照明标本。凹面镜有聚光作用,在光线较弱的时候使用;平面镜无聚光作用,在光线较强时使用。电光源光学显微镜没有反光镜,一般在镜座内安装有照明装置,光线的强弱由底座上的光亮调节旋钮控制。

(2)聚光器:位于载物台的下面,一般由聚光镜和可变光阑组成。其作用相当于凸透镜,能够汇聚光线,使光线焦点汇聚到标本上,起到增强标本照明的作用。聚光镜可分为明场聚光镜和暗场聚光镜。聚光镜主要参数为数值孔径,不同的数值孔径适应不同的物镜需要。可变光阑位于聚光镜的下方,由十几张金属薄片组成,中心部分形成圆孔。其作用是调节光强度和使聚光镜的数值孔径与物镜的数值孔径相适应。可变光阑开得越大,数值孔径越大。有的显微镜在光源和聚光镜之间还安装有滤光器,以选择某一波段的光通过或消弱光的强度。

（3）物镜：是决定显微镜性能最重要的部件，安装在物镜转换器上，接近被观察的物体，故称接物镜或物镜。物镜的放大倍数与其长度成正比。物镜转换器上一般有 3~4 个不同放大倍数的物镜。衡量物镜性能的主要参数包括：放大倍数、数值孔径和工作距离。放大倍数是指眼睛看到的物像大小与对应标本实际大小的比值。常用物镜的放大倍数有 4×、10×、40×、100× 等几种，它指的是长度的比值而非面积的比值。根据使用条件不同，物镜分为干燥物镜和浸液物镜（水浸物镜和油浸物镜）；根据放大倍数不同，物镜可分为低倍物镜（10× 以下）、高倍物镜（40× 以上）等。数值孔径又称径口率（用 NA 或 A 表示），与物镜的分辨率成正比。干燥物镜的数值孔径为 0.05~0.95，油浸物镜（香柏油）的数值孔径为 1.25。工作距离是指物像调节清楚时物镜下表面与盖玻片上表面之间的距离。物镜的放大倍数与工作距离成反比。

（4）目镜：安装在镜筒上端，通常备有 2~3 个，上面刻有 5×、10× 或 16× 符号以表示放大倍数，一般用 10× 目镜。目镜的长度与放大的倍数成反比。

二、光学显微镜的使用方法

1. 观察前的准备

（1）取镜和放置：从显微镜柜或镜箱内取出显微镜时，右手握住镜臂，左手托住镜座，将其轻放在操作者前方略偏左侧，显微镜离实验台边缘应有至少一拳的距离。

（2）对光：不带光源的显微镜，可利用灯光或自然光通过反光镜来调节光线。转动粗准焦螺旋，使载物台下降（镜筒直立式显微镜需升高镜筒），使物镜与载物台之间拉开距离，转动物镜转换器，使低倍镜对准通光孔，调节聚光器打开光圈，将反光镜转向光源，一边在目镜上观察，一边用手调节反光镜方向，直到视野内的光线明亮且均匀为止。

若使用电光源显微镜，首先要打开显微镜电源开关，然后使低倍镜对准通光孔，开大光圈，上升聚光器并且调节光亮调节旋钮至视野内光线明亮适中。

2. 低倍镜的使用方法　镜检任何标本都要先用低倍镜观察，低倍镜视野较广，易于发现目标和确定检查的位置。

（1）放置标本片：取标本片，盖玻片面朝上放在载物台上，用标本夹夹住，移动移片器将待观察部位移到通光孔的正中。

（2）调节焦距：从显微镜侧面注视着物镜镜头，同时转动粗准焦螺旋，使载物台上升（镜筒直立式显微镜下降镜筒）至物镜距标本片约 5mm 处，然后一边在目镜上观察，一边缓慢转动粗准焦螺旋，使载物台缓慢下降（镜筒直立式显微镜上升镜筒）至物像出现，再用细准焦螺旋至物像清晰为止。用移片器移动标本片，找到合适的标本物像并将它移到视野中进行观察。

3. 高倍镜的使用方法

（1）选好目标：一定要先在低倍镜下把待观察的部位移动到视野中心，将物像调节清晰。

（2）转换高倍物镜：在低倍物镜观察的基础上转换高倍物镜。现在常用的显微镜是低倍、高倍物镜同焦的，在正常情况下，高倍物镜的转换不应碰到载玻片或其上的盖玻片。为防止镜头碰撞玻片，应从显微镜侧面注视着，慢慢地转动转换器使高倍镜头对准通光孔。

（3）调节焦距：向目镜内观察，一般能见到一个模糊的物像，缓慢调节细准焦螺旋至物像清晰为止，找到需观察的部位，并移至视野中央进行观察。若视野亮度不够，可调节聚光器和开大光圈，使亮度适中。

4. 油镜的使用方法 油镜的工作距离一般在 0.2mm 以内,再加上一些光学显微镜的油浸物镜没有弹簧装置,因此使用油浸物镜时要特别细心,避免由于调焦不慎而压碎标本片并使物镜受损。

(1)选好目标:先用低倍镜找到要观察的物体,再换至高倍镜,将待观察部位移到视野中心。

(2)调节光亮:将聚光镜上升到最高位置,光圈开到最大。

(3)转换油镜:转动物镜转换器,使高倍镜头离开通光孔,在标本片观察部位滴一滴香柏油,然后从侧面注视着镜头与标本片,慢慢转换油镜使镜头浸入油中。

(4)调节焦距:一边观察目镜,一边慢慢调节细准焦螺旋至物像最清晰为止。

若目标不理想或不出现物像就需要重找。在加油区之外重找,应按"低倍镜→高倍镜→油镜"的程序。在加油区内重找,应按"低倍镜→油镜"的程序,以免油沾污高倍镜头。

(5)擦净油镜头:观察完毕,下降载物台,将油镜头转出,先用滴有少许二甲苯的擦镜纸将镜头上和标本上的香柏油擦去,再用干净的擦镜纸擦拭 2~3 下即可(注意应朝一个方向擦拭)。

5. 将各部分还原 显微镜使用完毕后,应取下标本片,并放回标本盒。转动物镜转换器,使物镜头不与载物台通光孔相对,成八字形位置,再将载物台下降至最低,降下聚光镜,反光镜与聚光镜垂直。用一个干净的罩子将接目镜罩好,以免目镜头上沾污灰尘。最后用柔软纱布清洁载物台等机械部分,然后将显微镜放回柜内或镜箱中。

三、操作练习

1. 低倍镜使用练习 取 A 字片一张,先用眼直接观察 A 字的方位和大小,然后按照低倍镜的使用方法练习对光、调焦。注意观察物像是反是正,标本移动的方向与视野中物像移动方向是否相同。

2. 高倍镜使用练习 取红绿羊毛交叉片,先在低倍镜下找到红绿羊毛的交叉点,并将其移到视野的中心,然后换高倍镜观察,利用细准焦螺旋升降载物台,分辨红绿羊毛的上下位置关系。

3. 油镜使用练习 取人血涂片,先用低倍镜、高倍镜观察,再换油镜观察。比较三种放大倍数的物镜的分辨率并练习擦拭油镜头和标本片。

【注意事项】

1. 取放显微镜时要轻拿轻放,持镜时必须一只手握住镜臂、另一只手托住镜座,不可单手提取,以免零件脱落或碰撞到其他地方。

2. 标本片有盖玻片面朝上放在载物台上,待观察的标本要对准通光孔中央。标本片不能放反,否则使用高倍镜和油镜时,会压碎标本片、损伤镜头。

3. 转换物镜时应转动物镜转换器,切忌手持物镜头移动。

4. 使用高倍镜或油镜时,在上升载物台(或下降镜筒)、转换物镜时,一定要从显微镜的侧面注视着,切勿边操作边在目镜上观察,以免物镜与标本片相碰,造成镜头或标本片的损坏。

5. 需要更换标本片时,应下降载物台(或升高镜筒),再取下标本片,直接取下标本片会造成镜头或标本片的损坏。

6. 在利用显微镜观察标本时,要养成两眼同睁、双手并用的习惯,必要时应一边观察一边绘图或记录。

7. 显微镜使用完毕后应及时复原,其步骤是:移片器回位,转动物镜转换器使镜头离开通光孔,垂直反光镜,下降聚光镜(但不要接触反光镜)、关小光圈,盖上绸布或外罩,放回显微镜柜内。

8. 保持显微镜清洁,光学部分只能用擦镜纸擦拭,切忌用口吹、手抹或用布擦。擦时要先将擦镜纸折叠为几折(至少 4 折),沿着一个方向轻轻擦拭镜头,每擦一次,擦镜纸就要折叠一次。机械部分可以用清洁棉布轻轻擦拭。

【实验报告】

1. A 字片在低倍镜下是呈正立的物像吗? 标本片的移动方向与视野内物像移动的方向一致吗?

2. 红绿羊毛交叉片中,红、绿羊毛分别位于交叉点的上方还是下方? 为什么?

3. 使用显微镜观察标本时,为什么必须从低倍镜到高倍镜再到油镜的顺序进行?

4. 如果标本片放反了,使用高倍镜或油镜会造成什么后果? 为什么?

(程丹丹)

实验二　细胞基本形态结构与显微测量

【实验目的】

1. 掌握:临时切片的制作及实验绘图方法。
2. 熟悉:显微测微尺的使用方法。
3. 了解:光学显微镜下细胞的形态结构。

【实验用品】

显微镜、人口腔上皮细胞、载玻片、盖玻片、吸水纸、纱布、消毒牙签、蛔虫肠横切片、蟾蜍血涂片、物镜测微尺、目镜测微尺;2% 次甲基蓝染液。

【实验方法】

一、人口腔上皮细胞

1. 清洁玻片　取一载玻片,用左手拇指与示指夹持玻片两端,右手用清洁纱布将玻片擦净;再用同样的方法轻轻地将一片盖玻片擦净(盖玻片薄而脆,应特别注意用力小而且均匀);将擦净的盖玻片和载玻片放在干净的纸上备用。

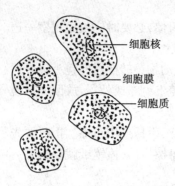

实验图2-1 人的口腔上皮细胞

2. 临时制片 将清洁的载玻片中央滴加1~2滴2%次甲基蓝染液,然后用消毒牙签的钝端,在漱净的口腔内任意一侧的颊部黏膜上轻轻刮几下,放在载玻片中央的染液内单向均匀地涂上(切忌来回涂),盖上盖玻片,3~5min后用吸水纸吸去多余的染液。

3. 镜下观察 将做好的临时切片放在载物台上,移到显微镜载物台中央孔处,先用低倍镜找到细胞,移到视野正中央,然后换高倍镜,转动细准焦螺旋,直至细胞清晰为止。可见到在细胞中央有一被染成深蓝色的细胞核,外有一层极薄的细胞膜,细胞膜与核膜之间为均匀一致的细胞质(实验图2-1)。

二、蛔虫肠上皮细胞

取蛔虫肠上皮切片或蛔虫肠横切片,先用低倍镜找到物像后,再换高倍镜进行观察。可见蛔虫肠管由一层排列整齐的柱状上皮细胞构成,每个细胞可见到由细胞膜、细胞质、细胞核三个部分构成,细胞核位于细胞基底部。

三、蟾蜍血细胞

取蟾蜍血细胞涂片,在低倍镜下(注意将玻片有染料的面朝上)可见视野内有许多椭圆形细胞,找到典型的物像后移到视野正中央,再换高倍镜进行观察。可见细胞外有一层界膜是细胞膜,位于细胞中央被染成蓝紫色的是细胞核,细胞核与细胞膜之间被染成淡黄色的部分是细胞质。

四、绘图方法及要求

绘图是生物实验的一种重要形式和基本功,其基本方法及要求如下:

1. 准备好铅笔(2~3H)、橡皮、直尺(或三角板)、削铅笔刀以及实验报告纸。

2. 绘图时,要特别注意观察物体的形状、各部分的位置、比例和毗邻关系。

3. 每一幅图的大小、位置必须分配适宜,布局合理,图占报告纸左上方2/3的面积,并且要考虑注字的位置。

4. 观察清楚后,选择典型的细胞或组织,左眼注视显微镜,右眼配合右手绘图。先用铅笔在纸上轻轻绘出轮廓,使细胞形状正确,然后用清晰的线条绘出,线条粗细要均匀且不要重复。

5. 生物学实验绘图不着色,不投影,只能用粗线条或细线条表示其轮廓或范围,用密点或疏点表示其明暗或浓淡,线条要均匀,点要圆。

6. 每个图的下方注明该图名称,图的右侧引线注明各部分名称,引线必须平直,长度适度,不得交叉,各线右端上下对齐,注字要工整要用正楷,自左向右写。

7. 实验报告纸上所有注字(包括姓名、实验日期、题目等)均用铅笔书写,不准用其他笔写。

五、显微测微尺的使用

(一)原理

测微尺分为目镜测微尺和镜台测微尺,两尺配合使用。目镜测微尺是一个放在目镜平面上的玻璃圆片。圆片中央刻有一条直线,此线被分为若干格,每格代表的长度随不同物镜的放大倍数而异,因此用前必须测定。镜台测微尺是在一个载片中央封固的尺,长 1mm(1000μm),被分为 100 格,每格长度是 10μm。

(二)方法

1. 将镜台测微尺放在显微镜的载物台上夹好,小心转动目镜测微尺和移动镜台测微尺使两尺平行,记录镜台测微尺若干格所对应的目镜测微尺的格数(实验图 2-2)。

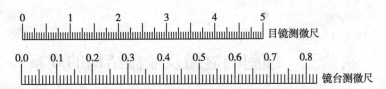

实验图 2-2 显微镜测微尺

2. 按下面公式求出目镜测微尺每格代表的长度:

$$目镜测微尺每格代表的长度(μm)=\frac{镜台测微尺的若干格数}{对应的目镜测微尺的格数}×10$$

(三)测量蟾蜍血红细胞

从显微镜载物台上取下镜台测微尺,换上蟾蜍红细胞标本,测量细胞、细胞核的长短径。

核质比 $N/D=Vn/(Vc-Vn)$(Vn 为核的体积,Vc 是细胞的体积)

1. 分别求出使用低倍镜(10×),高倍镜(40×)时目镜测微尺每格代表的长度。

低倍镜:目镜测微尺每格代表的长度 =_____ ×10(μm)=_____ μm

高倍镜:目镜测微尺每格代表的长度 =_____ ×10(μm)=_____ μm

2. 分别绘制所观察的 3 种细胞并注明基本结构。

3. 计算蟾蜍红细胞的核质比。

计算细胞、细胞核体积的公式:

$$圆形 \quad V=4πr^3/3(r 为半径)$$

$$椭圆形 \quad V=4πab^2/3(a、b 为长、短半径)$$

【注意事项】

1. 实验取材前,口腔一定要用盐水漱净。

2. 选择适宜的取材部位,以口腔两侧颊部为宜,因为在这一部位能取到较多的口腔上皮细胞,而在口腔顶壁取到的上皮细胞数较少,很容易导致实验失败。

3. 滴加染液时一般以 1~2 滴为宜,过多的染液可能会污染显微镜。

4. 加盖玻片时,用镊子夹取盖玻片右侧,使其左侧边缘 45° 角与载玻片上的液体相接触,然后慢慢盖下,以免产生气泡,影响实验效果。

5. 制备的培养细胞悬液中的细胞应尽量分散,以避免细胞彼此之间重叠,影响细胞长度的测量。

6. 在对齐物镜测微尺及目镜测微尺左边零线前,应尽量将显微镜焦距调准,以将误差减少到最小。

7. 转换物镜后,必须用台尺对目尺每格的实际长度加以重新计算。

8. 所测定的细胞应不少于 5 个,最后取其平均值,以减小误差。

【实验报告】

1. 绘制人口腔黏膜上皮细胞图形一幅。
2. 计算人口腔黏膜上皮细胞的体积。

（程丹丹）

实验三　细胞的显微及亚微结构的观察

【实验目的】

1. 掌握:几种细胞器的形态结构。
2. 了解:各种细胞亚微结构的特点。

【实验用品】

马蛔虫子宫横切片、青蛙肾脏切片、兔脊神经节横切片、洋葱表皮细胞骨架制片、各种细胞器的电子显微照片、幻灯片;显微镜、拭镜纸、纱布、生物电视图像显示系统。

【实验方法】

一、线粒体

观察青蛙肾脏切片,视野中可见许多圆形或椭圆形的中空的肾小管横切面,中央为管腔,管壁细胞之间界限不甚清楚,但可根据核的位置大致确定细胞质的范围。核圆形、浅灰色,内有一深染的核仁。核周围的细胞质中有许多蓝黑色颗粒或线状的结构,即线粒体(实验图 3-1)。

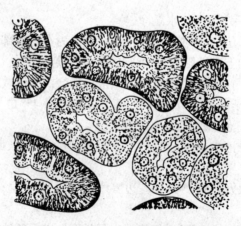

实验图 3-1　蛙肾小管横切面(示线粒体)

二、高尔基复合体

将兔神经节横切片置于低倍镜下观察,可以看到脊神经节内有许多椭圆形或圆形的感觉神经细胞。在细胞中央有一圆形空泡状的细胞核,核的周围有弯曲的断断续续网状结构呈深棕色,即高尔基复合体。高尔基复合体的位置一般都在细胞核外围的某一方向,但神经细胞的高尔基复合体却是在细胞核的周围。视野中也可能看到一些没有切到细胞核的细胞,其高尔基复合体分散在整个细胞质中。然后换高倍镜仔细观察(实验图3-2)。

三、细胞骨架

观察洋葱表皮细胞,可见到有些表皮细胞质着色极淡,其中被染成深蓝色的丝网状结构即为细胞骨架的组分——微丝。有的细胞中和核的周围还可见到有一些放射状分布的细丝。

四、中心体

将马蛔虫子宫横切片置于低倍镜下观察,可见子宫腔内有许多圆形的处于不同分裂时期的受精卵,每个受精卵外均包有一层较厚的膜,这是卵壳。卵壳与卵细胞之间的空隙为围卵腔,在分裂中期卵细胞赤道部可见染成蓝紫色条状或棒状的染色体,位于细胞两极各有一蓝色小颗粒即中心体(实验图3-3)。

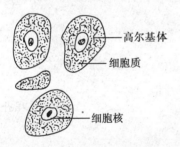

实验图3-2 神经节细胞(示高尔基复合体)

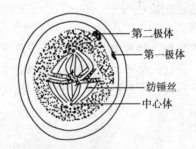

实验图3-3 马蛔虫子宫横切片(示中心体)

五、各种细胞器的电镜照片

(一)高尔基复合体

人体胃黏膜细胞高尔基复合体电镜照片:细胞质中的高尔基复合体,其结构主要由扁平囊、大囊泡和小囊泡三部分组成,共同构成紧密重叠的囊泡结构。扁平囊约3~8层,平行排列,略弯曲成弓形,凸出的一侧为形成面,可见许多小囊泡;凹入的一侧为成熟面,可见扁平囊末端呈球形膨大,在分泌细胞中膨大部分不断脱离扁平囊,形成分泌泡。

(二)内质网

人胃壁细胞、恒河猴脊髓前角运动神经细胞粗面内质网电镜照片:粗面内质网在分泌细胞中较发达,在细胞核周围可见有较密集的膜层结构,即粗面内质网,大都呈片状排列,粗面内质网可与细胞核膜相通连。在粗面内质网的膜外表面附着许多小颗粒,即核糖体。

人胃黏膜盐酸细胞、小鼠睾丸间质细胞滑面内质网电镜照片:盐酸细胞分泌盐酸,细胞中密集的圆泡,无核糖体附着即滑面内质网,参加盐酸的合成。小鼠睾丸间质细胞中含有丰富的分支管状滑面内质网,合成固醇类的雄激素。

（三）中心粒

白血病细胞的中心粒电镜照片：中心粒是相互垂直的两个短筒状小体，从横切面看，每个短筒由 9 组三联体微管组成，9 组三联体微管相互之间斜向排列，类似风车的旋翼。短筒的一端开放，另一端闭合，筒内充满低密度的均匀基质。

（四）溶酶体

小鼠肝细胞、人胃癌细胞溶酶体电镜照片：溶酶体为一层单位膜包围的囊状结构。溶酶体呈球形，质地均匀，吞噬性溶酶体依结合物不同而呈不同形态，溶酶体主要含酸性水解酶。

（五）核糖体

小鼠肾细胞核糖体电镜照片：核糖体是由核糖核酸和蛋白质组成、由大小亚基构成的椭圆形颗粒，附着于内质网上的称附着核糖体，此外还有散在于细胞质中的游离核糖体，而多个核糖体由 mRNA 串连在一起叫多聚核糖体。

（六）细胞核

豚鼠肝细胞核、人胃癌细胞核电镜照片：可见核膜由双层单位膜构成，内外核膜相距一定的距离结合形成核孔。核膜外层也附着核糖体并与粗面内质网相通。核中的海绵状球形结构就是核仁，它由纤维和颗粒构成。

在核膜内面和核仁四周，着色较深的为异染色质，其余着色较浅的是常染色质。

【实验报告】

1. 绘制青蛙肾小管上皮细胞线粒体图形一幅。
2. 绘制兔脊神经节细胞高尔基复合体图形一幅。
3. 列表说明各种细胞器的结构和功能。

（程丹丹）

实验四　细胞的有丝分裂

【实验目的】

1. 掌握：动植物细胞有丝分裂过程及各期的特点。
2. 了解：动植物细胞有丝分裂的异同点。

【实验用品】

显微镜、洋葱根尖纵切片、马蛔虫子宫横切片、擦镜纸。

【实验方法】

洋葱细胞有 16 条染色体，马蛔虫有 6 条染色体，有丝分裂过程基本上是相同的。

一、洋葱根尖细胞有丝分裂各期的形态观察

1. 取洋葱根尖纵切片,先用低倍镜观察,找到根尖的生长区。生长区是细胞排列紧密、分裂旺盛的部位,可找到处于不同分裂时期的细胞。

2. 换高倍镜,根据各期特点寻找间期、前期、中期、后期、末期的细胞,其特点如下:

（1）前期:细胞核膨大,染色质缩短变粗成为染色体,核仁、核膜消失,染色体分散在细胞内。

（2）中期:由两条染色单体组成的染色体集中排列在细胞的赤道面上,同时形成纺锤体。

（3）后期:着丝粒纵裂为二,姐妹染色单体分离,形成两组染色体,两组染色体分别移向细胞的两极。

（4）末期:移到两极的染色体解旋为染色质,核仁、核膜出现,新核形成。此后,在赤道板处形成细胞板,进而在细胞板的两侧形成细胞壁,最后分隔成两个子细胞。

二、马蛔虫子宫横切片细胞有丝分裂各期的形态观察

在显微镜下观察马蛔虫子宫横切片可见许多受精卵,每个受精卵的外周有一层较厚的卵壳,壳内有宽大的围卵腔,受精卵细胞悬浮在围卵腔中,可看到不同分裂时期的分裂象,其核内染色体的变化和洋葱根尖的细胞有丝分裂基本相同（实验图4-1）。不同点为:

（1）前期有中心体、星体。

（2）末期细胞中央部分膜以凹陷的方式形成两个子细胞。

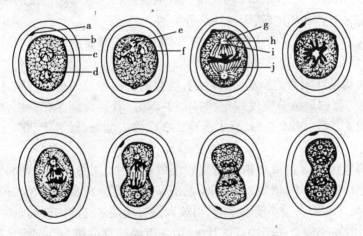

实验图 4-1　马蛔虫受精卵的有丝分裂（上图为模式图、下图为照片）

a. 第一极体　b. 第二体　c. 雌原核　d. 雄原核　e. 中心体

f. 染色体　g. 中心球　h. 中心粒　i. 星射线　j. 纺锤丝

【实验报告】

1. 绘制动物细胞有丝分裂各期形态图。

2. 比较动、植物细胞有丝分裂的异同。

（程丹丹）

实验五 减 数 分 裂

【实验目的】

1. 熟悉：动物生殖细胞成熟时减数分裂过程及各期的特征。
2. 了解：细胞减数分裂临时装片的制作。

【实验用品】

显微镜、载玻片、盖玻片、眼科镊、眼科剪、解剖针、小烧杯、解剖盘、玻璃皿、吸水纸、酒精灯、滴瓶、带橡皮头的铅笔、固定液（一份冰醋酸与三份 95% 乙醇配制）、70% 乙醇、50% 乙醇、30% 乙醇醋酸洋红液、雄性蝗虫成虫。

【实验方法】

一、蝗虫精巢减数分裂装片的制作

1. 夏秋季节,在草丛或田园间易捕获雄性蝗虫成虫。注意与雌蝗虫的区别：雄性比雌性个头小,且腹尾部呈整体的船尾状,而雌性是分叉的。

2. 在解剖盘中,用眼科剪剪去蝗虫头、翅和附肢,沿腹部背中线剪开,然后可见腹部背侧有两个黄色圆块精巢,细心用眼科镊轻取。

3. 小心去除精巢外附着的脂肪,立即倒入盛有适量固定液的小烧杯中,使精巢中细胞的细胞核和细胞质的蛋白质成分变性固定,时间 12~24h。若需长期保存备用,则可将固定后的精巢依次放入 50% 乙醇、30% 乙醇、清水洗涤 2~3 次除去醋酸,浸泡于 70% 乙醇中,放于 4℃低温冰箱内。

4. 从上述固定液或保存液中取出精巢置于解剖盘中,用解剖针和眼科镊取精小管 1~2 根,除去脂肪,放入玻璃皿中,依次放入 50% 乙醇、30% 乙醇、清水洗 2~3 次去醋酸或乙醇,便于染色。用吸水纸小心吸去精小管的水分,再放入盛有醋酸洋红液的玻璃皿中,染色 4~5min。

5. 将染色后的精小管置于干净载玻片上,剪去近输精管端精小管细胞已变成精子的一部分,以免压片困难。用眼科镊轻轻捣碎精小管,然后再加一滴染液,加盖玻片,覆盖吸水纸,使染液恰好充满盖玻片。以左手示指和中指按住盖玻片,防止活动,再用带橡皮头的铅笔轻压盖玻片,反复几次,使材料均匀分散成薄雾状,使细胞和染色体铺展开。在酒精灯火焰上迅速通过几次,使染色体着色更深。

二、蝗虫精母细胞减数分裂装片的观察

1. 找到分裂象 在装片中,可见到不同细胞中处于减数分裂各个时期的分裂象。将装片置于低倍镜下观察,可见许多分散排列的细胞,移到视野中央,然后换高倍镜由精小管游离端向近输精管端依次观察,确认细胞所属时期及染色体的形态、位置及行为。

2. 明确染色体数目　雄性蝗虫成虫细胞染色体数目为 2n=23 条,雌性细胞染色体数为 2n=24 条,故精子染色体数为 n=11 条或 n=12 条。

3. 仔细观察　熟悉减数分裂各期染色体的主要行为特征。

前期Ⅰ:染色体变化复杂,主要是联会、四分体及同源染色体交叉现象,联会后二价体因非姐妹染色单体交换而排斥,但尚未分开,故染色体整体形状似 V、8、X、0 等型。

中期Ⅰ:配对的同源染色体排在赤道面上,染色体形态最稳定、清晰,便于记数。

后期Ⅰ:同源染色体分离,分成数目为 11 条和 12 条两团,分别向两极移动。

末期Ⅰ:染色体聚集在两极,染色体数减半(11、12),核膜开始出现。

注意,蝗虫精母细胞减数分裂由减数Ⅰ进入减数Ⅱ的间期特别短,不易观察,显微镜下直接见到的是从末期Ⅰ进入中期Ⅱ的细胞。减数分裂Ⅱ与有丝分裂相似,最后形成染色体数目减半的精细胞和许多精子形成的集体(精荚)。

【实验报告】

绘制细胞减数分裂各期形态图。

(程丹丹)

实验六　人外周血淋巴细胞培养及染色体标本制备

【实验目的】

1. 掌握:人外周血淋巴细胞染色体标本的制备技术。
2. 了解:人外周血淋巴细胞培养技术。

【实验用品】

人外周血、超净工作台、光学显微镜、恒温培养箱、水平式离心机、高压蒸汽消毒锅、水浴箱、冰箱、离心管、滴管、试管架、酒精灯、载玻片等;RPMI-1640 培养基、小牛血清、PHA(浓度 5mg/ml)、秋水仙素(浓度 4μg/ml)、肝素(配制浓度 0.4%)、固定液(甲醇与冰醋酸按 3∶1 配制)、低渗液(0.075mol/L 氯化钾)、Giemsa 染液(浓度 5%)。

【实验原理】

在健康成年人外周血淋巴细胞中,以小淋巴细胞为主。在通常情况下,它们都处在间期的 G_1 期或 G_0 期,一般情况下不进行分裂。但在体外适宜培养条件下,经有丝分裂原如植物血球凝集素(phytohemagglutinin,简称 PHA)的作用,可发生转化而重新进行有丝分裂活动。因此,当该类细胞在人体外经 PHA 刺激短期培养后,经秋水仙素(colchicine)处理使正在分裂的细胞停止在中期,再经低渗和固定等处理,即可得到较多可供分析的中期染色体标本。

13

【实验方法】

1. 取材与细胞培养　在无菌条件下抽取静脉血 0.5ml,立即接种于盛有 5ml RPMI-1640 培养液的培养瓶中,加入 5mg/ml PHA 20~40µl,轻轻将其摇匀后放在 37℃恒温培养箱中。

2. 培养至 69~70h,加入秋水仙素 0.05ml,继续培养 2~3h,即可获得细胞。

3. 染色体标本制备

（1）将培养物吸入离心管内,以 1500~2000r/min 离心 5~10min,用吸管小心吸弃上清液。

（2）将预温至 37℃的低渗液 7~8ml 加入离心管中,用吸管混匀后放入 37℃水浴箱中低渗处理 10~20min。中途混匀一次。

（3）取出离心管,加入 1ml 固定液,缓慢混匀,立即离心 5~10min（1500~2000r/min）。

（4）吸弃上清液,加入 6ml 固定液,混匀,在室温下固定 10~20min。

（5）1500~2000r/min 离心 5~10min。

（6）吸弃上清液,再加入 6ml 固定液,混匀,在室温下固定 10~20min。

（7）以 2000r/min 离心 5~10min。

（8）吸尽上清液,根据离心管底部沉积的细胞多少,加入适量固定液（一般加 0.3~0.5ml）,用吸管轻轻混匀,制成细胞悬液。

（9）用吸管吸取细胞悬液,并将其滴在冰冻载玻片上（吸管距离载玻片约 20~30cm）,立即用口吹气,使细胞在玻片上散开,然后将载玻片在酒精灯火焰上来回通过 3~5 次即可。

4. 用 10% Giemsa 染液染色 20min,用自来水轻轻冲洗,晾干即可观察。

【实验报告】

1. PHA 和秋水仙素在淋巴细胞培养中分别起什么作用?

2. 为什么选择培养 72h 时收集细胞?

3. 镜检发现细胞分裂象少,试分析其原因。染色体分散不好应采取什么措施?

（程丹丹）

实验七　人类非显带染色体核型分析

【实验目的】

1. 掌握:非显带染色体的核型分析方法。

2. 熟悉:正常人类染色体的数目及形态特征。

【实验用品】

光学显微镜、小剪刀、小镊子、胶水、香柏油、二甲苯、擦镜纸、核型分析报告单、常规制备的正常人体染色体标本片、正常人中期染色体照片。

【实验原理】

人类非显带染色体核型分析是染色体研究的一项基本内容。它的一般程序是先利用显微照相装置拍摄人类非显带染色体的图像,并且将其放大成染色体照片;然后根据国际统一标准,按染色体的长短、着丝粒的位置、随体的有无等指标,将人类的 46 条染色体分成 7 个组并编上号;最后再将染色体剪贴到专门的实验报告单上,从而制成染色体核型(karyotype)图,并检查正常与否和进行性别判定等,这个过程就称为核型分析。

【实验方法】

1. 观察人外周血淋巴细胞染色体标本片

(1)染色体计数:取正常人染色体玻片标本放到光学显微镜下,先用低倍镜寻找染色体分散良好的中期分裂象,转换油镜仔细观察。每个同学观察 2~3 个分裂象,并进行染色体计数。

(2)观察染色体形态:在计数的同时,注意观察染色体的形态。镜下可见,中期细胞染色体都已纵裂成 2 条染色单体,称姐妹染色单体,由一个着丝粒相连。每条染色体以着丝粒为界可分为长臂(q)和短臂(p)。根据着丝粒位置的不同,可将人类的染色体分为近中着丝粒染色体、亚中着丝粒染色体和近端着丝粒染色体 3 类。

2. 人类非显带染色体核型分析 正常人的体细胞含有 46 条染色体,配成 23 对。根据 ISCN 规定,将所有染色体分为 A~G 七个组,将男女共有的常染色体编为 1~22 号;另外 1 对性染色体,男性为 XY,女性为 XX。X 染色体归到 C 组,Y 染色体归到 G 组(实验表 7-1)。

实验表 7-1　正常人类染色体分组及形态特征(非显带标本)

组号	染色体号	形态大小	着丝粒位置	随体	副缢痕
A	1~3	最大	近中着丝粒(1、3 号) 亚中着丝粒(2 号)	无	1 号常见
B	4~5	次大	亚中着丝粒	无	
C	6~12,X	中等	亚中着丝粒	无	9 号常见
D	13~15	中等	近端着丝粒	有	
E	16~18	小	近中着丝粒(16 号) 亚中着丝粒(17、18 号)	无	16 号常见
F	19~20	次小	近中着丝粒	无	
G	21~22,Y	最小	近端着丝粒	21、22 号有,Y 无	

【实验报告】

按显微镜中所看到的图像,描绘出各染色体的快速线条图,并用铅笔在染色体旁注明组和号,最后记录核型。

(程丹丹)

实验八　人类皮肤纹理分析

【实验目的】

1. 掌握：人类皮肤纹理的基本知识。
2. 熟悉：皮肤纹理分析的方法及其在医学中的应用。

【实验用品】

白纸、印台、印油、放大镜、直尺、量角器、擦布等。

【实验方法】

皮肤纹理简称皮纹，是指人体皮肤上某些特定部位出现的纹理图形。这些图形在胚胎发育的第十九周时，便在手指（脚趾）和手（脚）掌处形成且终生不变。皮纹对诊断某些先天性疾病，特别是染色体病也有一定的筛选价值。

一、皮纹的印取

成人的皮纹检查可借助放大镜用肉眼检查。有特殊变化的要印取皮纹留作资料和进一步分析，具体操作如下：

（一）指纹的印取

1. 洗净手上的污垢，晾干。
2. 把要取印的手指均匀地涂上印油。
3. 将白纸放在桌子边缘处，要把取印指伸直，其余四指弯曲，由外向内滚动印取，逐个进行。
4. 在取印的同时把每个指头进行标号。左右手分别从拇指开始为1、2、3、4、5。

（二）掌纹的印取

1. 洗净手，晾干。
2. 手掌全掌面均匀地涂抹印油。
3. 先将掌腕线放在白纸上，手指自然分开，从后向前以"腕线→掌→指"方向逐渐放下，以适当的压力将全掌的各部分均匀地印在纸中央。
4. 提起时，先将指头翘起，而后是掌和腕。
5. 将手洗净，擦干。

二、观察与分析

（一）指纹的观察与分析

1. 用肉眼或放大镜观察指纹并分类（实验图8-1）　指纹是指手指末节腹面皮肤纹型，通常分为弓形纹（A）、箕形纹（L）和斗形纹（W）三种类型。弓形纹是一种最简单的纹理图形，其纹线由一侧起始向上弯曲到对侧,无三叉点或只有中央三叉点,可分为简单弓形(即简弓)和篷帐式弓形(即帐弓)。箕形纹,其纹线自一侧起始斜向上弯曲后再回归起始侧,有一个三叉点,分为尺箕(U)和桡箕(R)。斗形纹,其纹线多呈同心圆状或螺状,也有两箕在一起者,有两个或更多的三叉点,分为环形斗、囊形斗、螺形斗和双箕斗。

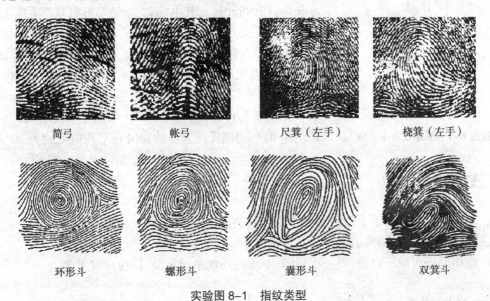

| 简弓 | 帐弓 | 尺箕(左手) | 桡箕(左手) |

| 环形斗 | 螺形斗 | 囊形斗 | 双箕斗 |

实验图 8-1　指纹类型

2. 指纹线数(实验图 8-2)　又称嵴纹线数,可简称纹线。每指纹线的计算方法是:从纹理的中心到三叉点用线相连,计算线段穿过纹线的数目(连线两点不计)。弓形纹没有或只有中央三叉点,故指纹数为0,所以不予计数;斗形纹一般有两个三叉点,分别计算纹线,但计算纹线总数时只把较大纹线加入,较小不加入。十个指头纹线之和称纹线总数。

实验图 8-2　指纹线计数方法

(二)掌纹的观察与分析

1. 观察掌褶纹(实验图 8-3)　手掌中一般有三条大屈褶纹,即远侧横褶纹、近侧横褶纹和大鱼际纵褶纹。根据三条屈褶纹的走向一般把手掌分为普通型(正常型)、通贯掌、悉尼掌、变异Ⅰ型(过渡Ⅰ型)和变异Ⅱ型(过渡Ⅱ型)五种类型。我国正常人体通贯手的发生率为

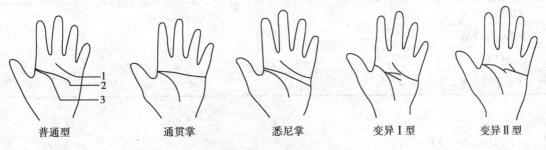

| 普通型 | 通贯掌 | 悉尼掌 | 变异Ⅰ型 | 变异Ⅱ型 |

实验图 8-3　手掌褶纹的类型

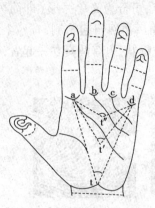

实验图8-4 手掌纹及 atd 角

3.50%~4.87%,而染色体病病人中通贯手的发生率为正常人的 10~30 倍,说明通贯手体征是重要的染色体病辅助诊断指标。

2. atd 角(实验图8-4) 手掌分三个区域,即大鱼际区、小鱼际区和指间区。其中,第二指至第五指基部手掌上各有一个掌纹三叉点,分别称为 a、b、c、d 指三叉点。近腕横纹的掌面上有一掌纹三叉点,以 t 表示,称 t 三叉点。连接 at、dt,两线间的夹角即 atd 角。轴三叉(t 叉)在手掌中的位置很重要,对某些综合征的诊断具有重要意义,唐氏综合征的 t 三叉点向掌心移位,称三叉点 t'。我国正常人的 atd 角平均值约为 41°,而唐氏综合征的 at'd 角平均值则约为 70°。

【注意事项】

1. 取印时必须洗净手上的污垢。否则印取的指纹将不清晰。
2. 涂抹印油时,印油要适量、均匀。
3. 取印时不可加压过重,要一次成型,不可移动或来回滚动,以免皮纹重叠。

【实验报告】

捺印自己的双手皮肤纹理进行分析,将自己的指纹类型、纹线、纹线总数、手掌屈褶纹型、atd 角度填入皮肤纹理分析表内(实验表8-1)。

实验表8-1 皮肤纹理分析表

编号: 　　　　　　　　　　　　　　　　　　　　　年 月 日

姓名		性别		年龄		民族		弓形:左 右 总 箕形:左 右 总 斗形:左 右 总	嵴纹线数 左 右 总	
籍贯		省(市)			(县)					

检查指标	左手					右手				
	5	4	3	2	1	1	2	3	4	5
指纹类型										
指纹纹线数										
指纹纹线总数										
手掌屈褶纹型										
atd 角										
atd 角平均角度										

（程丹丹）

实验九　遗传病分析(录像)

【实验目的】

1. 观看人类遗传病音像,强化对遗传病的基本概念、特征和分类的认识。
2. 熟悉常见遗传病的主要临床表现,为遗传病的诊断和咨询奠定基础。
3. 能绘制和正确分析单基因遗传病的系谱。

【实验用品】

1. 音像播放设备。
2. 人类遗传病的音像教材(光盘或其他移动存储设备)。

【实验方法】

1. 观看前,教师介绍本教学片的主要内容。
2. 教师引导学生复习单基因病、多基因病、染色体病的主要分类及各类遗传病的主要特点。
3. 集体观看人类遗传病的教学片。
4. 教师组织学生分析、讨论、总结教学片相关内容。
5. 教师对本次课堂内容进行总结。

【实验报告】

1. 说出遗传病的概念及其分类。
2. 以某一遗传病为例说明其主要临床表现及发病机制。

(程丹丹)

实验十　遗　传　咨　询

【实验目的】

1. 熟悉:遗传咨询的一般过程及步骤。
2. 初步学会运用遗传学知识,对咨询者进行婚姻指导和生育指导。

【实验方法】

1. 判断下列各系谱的遗传方式,并写出先证者及其父母的基因型(实验图 10-1~实验图 10-5)。

2. 一对健康夫妇生了一个尿黑酸尿症的患儿,夫妇二人均无此病家族史。他们听说此病是遗传病,前来进行遗传咨询,请帮助解答以下问题:

(1)他们夫妇二人健康,并且没有此病家族史,这是遗传病吗?

(2)他们再生一个孩子患尿黑酸尿症的可能性多大?

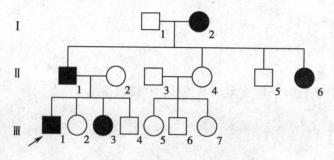

实验图 10-1 神经纤维瘤病的系谱

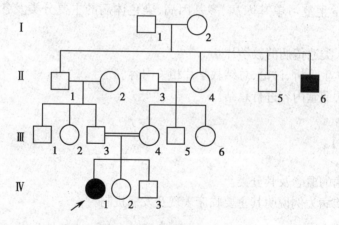

实验图 10-2 黑蒙性痴呆的系谱

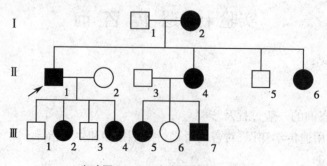

实验图 10-3 遗传性肾炎的系谱

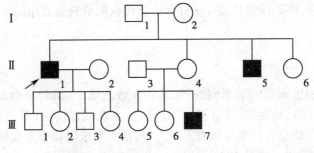

实验图 10-4　假肥大型肌营养不良症的系谱

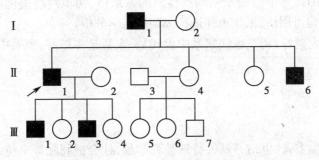

实验图 10-5　箭猪症的系谱

3. 一抗维生素 D 性佝偻病女性病人,其父亲正常。她和一正常男性结婚,婚后已生育一个抗维生素 D 性佝偻病的儿子,欲生第二胎,前来进行遗传咨询。请帮助解答以下问题:

（1）欲生第二胎,生出患病子女的可能性有多大?

（2）你对他们有何忠告?

4. 一个家庭中,父亲是红绿色盲,女儿视觉正常,女儿和一红绿色盲的男性结婚。女儿婚后所生孩子患色盲的可能性有多大?

5. 糖尿病 1 型的群体发病率是 0.2%,遗传度是 75%。一对健康的夫妇生育了一个 1 型糖尿病的患儿,如果他们再生育,其子女发风险是多少?

【实验报告】

根据题意,写出各题的答案。

（程丹丹）

实验十一　医学遗传学社会实践活动
——家乡遗传病调查

【实验目的】

1. 初步学会调查和统计人类遗传病的方法。
2. 通过对几种人类遗传病的调查,了解这几种遗传病的发病情况。

3. 通过实际调查,培养接触社会并从社会中直接获取资料或数据的能力。

【实验内容】

1. 就某种遗传病做深入的家系调查,如家族性智力低下、结肠息肉、多指、并指、短指、裂手足、白化病、两性畸形、聋哑、高度近视、红绿色盲、血友病、进行性肌营养不良、家族性糖尿病、精神分裂、肥胖症、狐臭等。至少调查五代人,包括直系亲属和旁系亲属。

2. 填写遗传病调查表(实验表 11-1)。

3. 返校后在老师指导下绘制单基因遗传病的家系谱,初步判断遗传病的遗传方式,对典型单基因病、染色体病可回访,采集血样进行细胞遗传学分析。

4. 调查范围越大越好,调查患病家系中世代数、人数越多越好,家系中已故亲属也属调查之列。

【实验方法】

1. 市、县、乡计生委,计生站,残联,特殊教育学校,社会福利院等单位,调查某个区域整体遗传病发病情况。

2. 对某些特殊病例上门做详细家系调查。

3. 走访乡村医生、长辈或病人的亲属。

4. 对特殊病例务必拍摄照片,对病人特殊行为最好摄像,并写出临床症状。

【注意事项】

1. 调查数据、症状要真实,不能编造。调查时要注意方式、方法。对调查的数据要认真汇总。

2. 如调查到的发病人数较多,可另加附页。

【实验报告】

每个学生必须认真填写调查表并写出调查报告,调查情况作为社会实践活动成绩记入学生个人档案,在系内评选社会实践活动优秀集体和先进个人。

(程丹丹)

实验表 11-1　家乡遗传病调查表

调查人：___ 系 ___ 级 ___ 班　姓名 ___

遗传病普查：___ 地（市）___ 县（区）___ 乡（镇）___（乡）总人口___人；男性___人；女性___人；村遗传病病人共___人：男___人；女___人：

家族 I　病人 1：姓名 ___

项目\病人	姓名	性别	年龄	与病人 1 的关系	病名（已知、未知或当地俗名）	主要症状	是否智力低下	是否近亲所生	不良嗜好	周边环境
病人 1										
病人 2										
病人 3										

家族其他成员（病人的亲属）状况：

家族 II　病人 1：姓名 ___

项目\病人	姓名	性别	年龄	与病人 1 的关系	病名（已知、未知或当地俗名）	主要症状	是否智力低下	是否近亲所生	不良嗜好	周边环境
病人 1										
病人 2										
病人 3										

家族其他成员（病人的亲属）状况：

散发病例

姓名	性别	年龄	病名（已知、未知或当地俗名）	主要症状	是否智力低下	是否近亲所生	家庭住址	不良嗜好	周边环境

第二部分 学习指导

<table>
<tr><td>第一章</td><td>细胞生物学概述</td></tr>
</table>

【内容要点】

一、细胞生物学的概念

细胞最早于 1665 年由英国物理学家胡克发现,细胞是人体和生物体形态结构和功能活动的基本单位。细胞学是研究细胞生命现象的学科,研究方法主要是光学显微镜下的形态描述,研究范围包括细胞的形态结构、生理功能、分裂与分化、遗传与变异以及衰老和病变等。

细胞生物学把细胞看成是生物体最基本的生命单位,以形态与功能相结合、整体与动态相结合的观点,把细胞的显微水平、亚显微水平和分子水平三个层次有机地结合起来,探讨细胞的基本生命活动规律。概括地讲,细胞生物学是应用现代物理、化学技术和分子生物学技术的新成就,研究细胞生命活动规律的学科。

二、细胞生物学的研究对象及内容

细胞生物学以细胞为研究对象,以细胞的形态与结构、分裂与分化、发育与生长、遗传与变异、健康与疾病、衰老与死亡、起源与进化等基本生物学现象为细胞生物学研究的主要内容。细胞生物学的研究内容是多方面的,研究的范围极其广泛。细胞生物学研究的主要分支学科有细胞形态学、细胞生理学、细胞遗传学、细胞化学、分子细胞学,以及细胞生态学、细胞病理学、细胞动力学、微生物细胞学等。

三、细胞生物学研究目的和任务

细胞生物学除了要阐明细胞的各种生命活动的本质和规律外,还要进一步利用和控制其活动规律,达到造福人类的目的。

细胞生物学研究的任务是多方面的,它应从细胞整体水平、亚显微结构水平以及分子水平三个不同的层次上把细胞的结构与功能统一起来进行探讨。如在形态学上,不仅要了解细胞的显微结构,而且要探索用新的工具和方法观察分析细胞的亚显微结构和分子结构及结构变化过程;在功能上,要研究细胞各部分化学组成的动态变化,阐明细胞与有机体各种生命活动的现象与规律。细胞生物学既要研究基本理论,又要联系实际。作为当前信息社会四大技术支柱之一的生物技术,其蓬勃发展就是以细胞生物学为基础。生物技术包括细胞工程、遗传工程、蛋白质工程、酶工程和发酵工程以及发育工程几部分。细胞工程就是利用分子细胞生物学的技术,按照人们预先的设计,改变细胞的遗传特性,使之获得新的遗传性状,通过体外培养,提供细胞产品或培养新品种、甚至新的物种。目前人类已经利用细胞工程生产出胰岛素、生长素、干扰素、促细胞生长素等,产生出了巨大的经济效益和社会效益。利用细胞融合或细胞杂交技术可产生某些单克隆抗体或因子,用于某些疾病的早期诊断和治疗。对细胞癌变的研究,推动了对正常细胞基因调控机制的阐明,从而加速了对癌细胞本质的认识,给进一步控制癌细胞的生长提供了根本可行的防治措施。

四、细胞生物学与医学科学

细胞生物学与医学有着密切的联系。医学是以人体为对象,主要研究人体生老病死的机制,研究疾病的发生、发展以及转归的规律,从而对疾病进行诊断、治疗和预防,以提高人类健康水平,使人延年益寿。细胞生物学是研究生命活动基本规律的学科,它的各项研究成果与医学的理论和实践密切相关。

五、细胞生物学的发展简史

细胞的发现与细胞生物学的发展已有 300 多年的历史,细胞生物学的发展史大致可以划分为三个主要的阶段:从 16 世纪后期到 19 世纪 30 年代,是细胞的发现和细胞学说的创立阶段;从 19 世纪 30 年代到 20 世纪初期,细胞学说形成后,开辟了细胞学的研究领域,在显微水平研究细胞的结构与功能是这一时期的主要特点;20 世纪 30 年代以来,是细胞生物学兴起和发展阶段。

【难点解析】

一、细胞生物学与细胞学的区分和联系

细胞学是在光学显微镜水平上研究细胞的化学组成、形态结构、生理功能、分裂与分化、遗传与变异、衰老与死亡的科学。

随着细胞体外培养技术的应用以及物理、化学、分子生物学等技术的进步,对细胞的研究,从形态结构方面已远远超出光学显微镜可见范围,从生理功能方面也不仅仅是功能变化的简单描述,对细胞的认识进入了新阶段,从而诞生了细胞生物学。

细胞生物学是在显微水平、亚显微水平和分子水平三个层次上研究细胞的形态结构、生理功能、增殖与分化、遗传与变异、衰老与凋亡、信号转导、基因表达与调控、细胞起源与进化等生命活动,并探索细胞间以及细胞与外界相互作用的科学。

从上述定义可看出,细胞生物学与细胞学的研究对象都是细胞,但细胞生物学研究的层次更深入、研究的内容更广泛,是在细胞学基础上发展起来的、对细胞认识的新阶段。

二、细胞生物学与医学

细胞生物学与医学的关系可从以下两个方面理解。

(一)细胞生物学是现代医学的重要理论基础

医学是研究人类疾病的发生、发展、转归的规律,以诊断、治疗和预防疾病、增强人体健康为目的的科学。

1. 疾病的发生是由于细胞结构和功能损伤引起的　人体是由细胞构成的,一个个体是否健康是细胞功能状态的反映。如果正常细胞的结构和功能有了损伤,必然会导致细胞乃至机

体的结构破坏和功能异常,产生疾病。所以,机体的任何变化,都是细胞活动的反映。德国细胞病理学家魏尔肖(Virchow)指出,所有的疾病都是细胞的疾病。对人类疾病的研究不可能脱离细胞而单纯研究机体,必须以细胞为基础。

2. 细胞生物学是学习其他医学课的基础 在学习组织学、胚胎学、微生物学、生理学、生物化学、病理生理学等基础医学课程,甚至一些临床医学课程,都要用到细胞生物学的知识,因此,细胞生物学是学习其他医学课程的基础。

(二)细胞生物学的发展推动现代医学重要课题的研究

现代医学所面临的一些重大问题,如恶性肿瘤、心脑血管疾病、遗传病、艾滋病等,这些难题的解决,最终要依赖于细胞生物学、分子生物学、遗传学等学科的发展和技术进步。

【练习题】

一、名词解释

1. 细胞生物学
2. 细胞学说

二、选择题

(一)单选题(A1 型题)

1. 细胞学研究的繁荣时期是( )

    A. 19 世纪上半叶　　　　B. 19 世纪下半叶　　　　C. 19 世纪中叶

    D. 20 世纪上半叶　　　　E. 20 世纪下半叶

2. 亚显微水平、分子水平的细胞生物学研究阶段为( )

    A. 19 世纪中叶　　　　B. 19 世纪下半叶　　　　C. 20 世纪上半叶

    D. 20 世纪下半叶　　　　E. 20 世纪中叶

3. 从细胞角度,特别是从染色体的结构与功能和其他细胞器的关系来研究遗传及其变异规律的分支学科是( )

    A. 细胞形态学　　　　B. 细胞生理学　　　　C. 细胞遗传学

    D. 分子细胞学　　　　E. 微生物细胞学

4. ( )在( )转化实验中证明了 DNA 是遗传物质

    A. 埃沃瑞,微生物　　　　B. 沃森,生物　　　　C. 科恩伯格,大肠埃希菌

    D. 克里克,微生物　　　　E. 弗莱明,动物

5. 观察血细胞的种类和形态一般需制备血液( )

    A. 压片　　　　B. 装片　　　　C. 涂片

    D. 切片　　　　E. 以上都不是

6. "中心法则"的创立者是( )

    A. 埃沃瑞　　　　B. 沃森　　　　C. 克里克

    D. 弗莱明　　　　E. 罗伯特·胡克

7. 奠定分子生物学基础的是( )

    A. DNA 含量恒定理论　　　　　　　　B. DNA 双螺旋结构的发现

    C. 中心法则　　　　　　　　　　　　　D. DNA 的半保留复制

    E. 遗传密码

8. 近代生物学中最重要的基本理论是（　　　）

    A. DNA 含量恒定理论　　　　　　　　B. DNA 双螺旋结构的发现

    C. 中心法则　　　　　　　　　　　　　D. DNA 的半保留复制

    E. 遗传密码

9. 从分子水平上证实生物界发展联系的发现是（　　　）

    A. 中心法则　　　　　　B. 遗传密码　　　　　　C. DNA 双螺旋结构

    D. DNA 半保留复制　　　E. DNA 含量恒定理论

10. 沃森和克里克发现了（　　　）

    A. 动物细胞减数分裂　　　B. 植物细胞减数分裂　　　C. DNA 半保留复制

    D. DNA 双螺旋结构　　　　E. 胚胎发育起始于精卵的结合

11. 第一个观察到活细胞有机体的是（　　　）

    A. 罗伯特·胡克　　　　　B. 列文虎克　　　　　　C. 赫特维希

    D. 魏尔肖　　　　　　　　E. 弗莱明

12. 提出细胞学说的是（　　　）

    A. 罗伯特·胡克和列文·虎克　　　　　B. 克里克和沃森

    C. 施莱登和施旺　　　　　　　　　　　D. 施罗德和魏尔肖

    E. 埃沃瑞和弗莱明

13. 为细胞生物学学科早期的形成奠定了良好基础的技术是（　　　）

    A. 组织培养　　　　　　B. 高速离心　　　　　　C. 密度梯度离心

    D. 电子显微镜　　　　　E. 光学显微镜

（二）多选题（X 型题）

1. 利用细胞工程生产出的产品包括（　　　）

    A. 胰岛素　　　　　　　B. 生长素　　　　　　　C. 促细胞生长素

    D. 干扰素　　　　　　　E. 单克隆抗体

2. 生物技术包括（　　　）

    A. 细胞工程　　　　　　B. 遗传工程　　　　　　C. 蛋白质工程

    D. 发育工程　　　　　　E. 发酵工程

三、填空题

1. 细胞学是研究细胞的_____、_____、_____以及生活史的科学。

2. 细胞生物学是从_____、_____和_____三个层次探讨细胞生命活动规律的
科学。

3. 细胞是生物体_____和_____的基本单位。

4. 细胞最初由_____在_____年首先发现的。

5. 细胞生物学的发展可分为_____、_____和_____阶段。

6. 在_____年，_____和_____提出了_____，认为细胞是一切动植物的基本
单位。

7. 1944 年艾弗里等在微生物的_____实验中证明了_____是遗传物质。

8. 1953 年_____和_____共同提出了 DNA 分子的_____结构模型。

四、问答题

1. 简述细胞生物学的学科特点。

2. 简述细胞生物学的研究任务。

3. 简述细胞生物学的发展简史。

【参考答案】

一、名词解释

1. 细胞生物学　是以细胞为研究对象,应用近代物理学、化学、实验生物学、生物化学及分子生物学的技术和方法,从细胞整体水平、亚显微结构水平和分子水平三个层次来研究细胞的结构及其生命活动规律的科学。

2. 细胞学说　由德国植物学家施莱登和动物学家施旺联合提出了细胞学说。该学说明确指出一切生物从单细胞到高等动、植物都是由细胞组成的;细胞是生物形态结构和功能活动的基本单位。

二、选择题

（一）单选题（A1 型题）

1. B　2. E　3. C　4. A　5. C　6. C　7. B　8. C　9. B　10. D　11. B　12. C 13. D

（二）多选题（X 型题）

1. ABCD　2. ABCDE

三、填空题

1. 形态;结构;生理功能

2. 显微水平;亚显微水平;分子水平

3. 结构;功能

4. 胡克（Hooke）;1665

5. 细胞发现与细胞学说的创立;细胞学的研究;细胞生物学的兴起与发展

6. 1838—1839;施莱登（Schleiden）;施旺（Schwann）;细胞学说

7. 转化;DNA

8. 沃森（Watson）;克里克（Crick）;双螺旋

四、问答题

1. 细胞生物学是现代生命科学中的前沿学科之一,是以细胞为研究对象,应用近代物理学、化学、实验生物学、生物化学及分子生物学的技术和方法,从细胞整体水平、亚显微结构水平和分子水平三个层次来研究细胞的结构及其生命活动规律的科学。它将细胞看作生命活动的基本单位,通过三个不同的水平在细胞结构和功能的结合上,以动态的观点来探索细胞各种生命活动的具体反应过程,从细胞角度来研究生命的发生与分化、发育与生长、遗传与变异、健康与疾病、衰老与死亡、起源与进化等基本生物学现象。

2. 细胞生物学的研究是生命科学研究的基础,它是从整体水平、亚显微结构水平以及分子水平三个不同的层次上把细胞的结构与功能统一起来进行探讨,其研究的任务也是多方面的。

（1）在形态学上,不仅要了解细胞的显微结构,而且要探索用新的工具和方法观察分析细胞的亚显微结构和分子结构及结构的变化过程。

（2）在功能上,要研究细胞各部分化学组成的动态变化,阐明细胞与有机体各种生命活动的现象与规律。

（3）在应用上,作为当前信息社会四大技术支柱之一的生物技术,是以细胞生物学为基础进行蓬勃发展的。生物技术包括细胞工程、遗传工程、蛋白质工程、酶工程和发酵工程以及发育工程。目前已经利用细胞工程生产出胰岛素、生长素、干扰素、促细胞生长素等,产生出了巨大的经济效益和社会效益。利用细胞融合和细胞杂交技术可产生某些单克隆抗体或因子,可用于某些疾病的早期诊断和治疗。

3. 细胞的发现与细胞生物学的发展已有300多年的历史,从研究内容来看细胞生物学的发展可分为三个层次,即:显微水平、超微水平和分子水平。从时间纵轴来看细胞生物学的历史大致可以划分为三个主要的阶段:

第一阶段:细胞的发现和细胞学说的创立。英国研究者罗伯特·胡克用自制的显微镜观察栎树皮,发现了细胞并第一个将细胞命名为"cell";列文·胡克真正观察到活细胞;德国植物学家施莱登和动物学家施旺总结出了细胞学说。

第二阶段:细胞学的研究。19世纪30年代到20世纪初期,开辟了细胞学的研究领域,在显微水平研究细胞的结构与功能是这一时期的主要特点。形态学、胚胎学和染色体知识的积累,使人们认识了细胞在生命活动中的重要作用。1893年Hertwig的专著《细胞与组织》出版,标志着细胞学的诞生。在此期间相继发现了无丝分裂、有丝分裂（W. Flemming, 1880）、减数分裂、中心体（T. Bovori, 1883）、染色体（W. Waldeyer, 1890）、高尔基体（C. Golgi, 1898）、线粒体（C. Benda, 1898 年）。1876 年,德国人 O. Hertwig 发现海胆的受精现象。

第三阶段:细胞生物学的兴起与发展。20世纪30~70年代,电子显微镜技术的出现把细胞学带入了第三大发展时期。这期间发现了细胞的各类超微结构,认识了细胞膜、线粒体、叶绿体等不同结构的功能,同时在分子生物学方面也涌现出了一大批重大成果,如一个基因一个酶的概念的提出;微生物转化试验证明 DNA 是遗传物质;DNA 双螺旋结构的发现;1953 年测定了牛胰岛素的一级结构;1958 年,英国人 F. H. C. Crick 创立了遗传信息流向的"中心法则";1964 年,美国人 M. W. Nirenberg 破译了 DNA 遗传密码;1968 年,瑞士人 Werner Arber 从细菌中发现 DNA 限制性内切酶;1971 年美国人发展了核酸酶切技术;1973 年美国人将外源基因拼接在质粒中,使得外源基因在大肠埃希菌中表达,从而揭开基因工程的序幕;1975 年,英国人设计出 DNA 测序的双脱氧法;1989 年,美国人发现某些 RNA 具有酶的功能（称为核酶）;1990 年,美国遗传学界提出人类基因组计划（human genome project, HGP）项目;2001 年 2 月12 日由美、英、日、法、德和中国科学家共同承担的人类基因组全序列测序基本完成,细胞生物学从而进入功能基因组学和蛋白质组学的后基因组时期。21 世纪初,RNA 研究也成为热点,RNA 干涉技术的应用在研究基因的功能、基因敲除、药物筛选、制订基因治疗策略等方面显示出了前景。

（尚喜雨）

第二章

细胞的基本概念和分子基础

【内容要点】

一、细胞的化学组成

1. 组成细胞的化学元素　按含量的高低,细胞中的元素被分为宏量元素和微量元素。宏量元素占化学元素的99.9%,包括C、H、O、N四种元素,约占细胞原生质总量的90%,同时还包括S、P、Cl、K、Na、Ca、Mg、Fe等含量较少的元素。微量元素有Cu、Zn、Mn、Mo、Co、Cr、Si、F、Br、I、Li、Ba等。

2. 组成细胞的化合物　化学元素在细胞内以化合物的形式存在,这些化合物分为无机化合物和有机化合物两大类。无机化合物包括水和无机盐。有机化合物是细胞的基本成分,包括有机小分子和生物大分子,其中有机小分子有单糖、脂肪酸、氨基酸和核苷酸等,而生物大分子则是由有机小分子构成的,包括多糖、脂类、蛋白质和核酸等。

二、生物大分子

1. 蛋白质　自然界中的蛋白质通常由20种氨基酸组成。多个氨基酸按一定顺序由肽键相连接而形成多肽链,其中有些蛋白质包含一条多肽链,而有些蛋白质则由两条或两条以上的多肽链构成。蛋白质的分子结构分为一级、二级、三级和四级结构。蛋白质的空间构象是蛋白质功能活性的基础,空间构象发生变化,其功能活性也相应地改变。蛋白质在细胞中的作用有:结构和支持作用、物质运输和信息传递作用、催化作用、防御作用、收缩作用、调节作用等。

2. 核酸　细胞中的核酸主要有两大类,即核糖核酸(ribonucleic acid, RNA)和脱氧核糖核酸(deoxyribonucleic acid, DNA)。核酸的基本组成单位是单核苷酸(核苷酸)。核苷酸分子由磷酸、戊糖和含氮碱基三个部分组成。

DNA是由众多脱氧核苷酸通过3′,5′磷酸二酯键连接起来而形成的多聚脱氧核苷酸链。1953年,Watson和Crick提出了著名的DNA分子双螺旋结构模型,其要点如下:①DNA分子由两条方向相反的多聚脱氧核苷酸链构成,一条链从3′→5′,另一条链从5′→3′;②两条脱氧核苷酸链之间的碱基严格遵守碱基互补配对原则,两条脱氧核苷酸链成为互补链;③两条多聚脱氧核苷酸链平行地围绕同一中心轴以右手方向盘绕成双螺旋结构;④脱氧核糖和磷酸排列在两条链的外侧,碱基位于两条链的内侧,四种碱基的排列顺序在不同的DNA中各不相同,不同的排列顺序贮存着个体差异的遗传信息;⑤DNA分子中双螺旋的直径为2.0nm,螺距为3.4nm,相邻碱基对之间的距离为0.34nm。

DNA是生物体的遗传物质,它的主要功能是储存遗传信息,并以自身为模板合成RNA,从而指导蛋白质的合成。同时,DNA 还通过自我复制把亲代的遗传信息传给子代,使子代保持与亲代相似的生物学性状。

RNA 分子是由多个核糖核苷酸排列组成的一条多聚核苷酸链,基本以单链形式存在。根据 RNA 分子功能的不同,可将 RNA 分为 3 种类型:信使 RNA(mRNA)、转运 RNA(tRNA)和核糖体 RNA(rRNA)。

mRNA 的功能是从细胞核内的 DNA 分子上转录出遗传信息,并把这种遗传信息带到细胞质中与核糖体进行结合,成为合成蛋白质的模板;tRNA 的功能是在蛋白质生物合成的过程中,专门运输活化的特异性氨基酸到核糖体的特定位置去缩合成肽链;rRNA 是构成核糖体的重要成分,核糖体是细胞内蛋白质合成的场所。

三、细胞的形态与大小

1. 细胞的形态　真核细胞的形态常与细胞所处的部位及功能相关。游离于体液中的细胞多近似于球形;在组织中的细胞一般呈椭圆形、立方形、扁平形、梭形和多角形;具有收缩功能的肌肉细胞多为梭形;具有接受和传导各种刺激作用的神经细胞常呈多角形,并有星状突起。

2. 细胞的大小　细胞的计量单位一般用微米(μm)。细胞的大小差别很大,不同种类的细胞大小各不相同,细胞的大小是与它的功能相适应的。

四、原核细胞与真核细胞

1. 原核细胞　原核细胞无核膜、核仁,无典型的细胞核,胞质中没有内质网、高尔基复合体、溶酶体、线粒体等膜性结构的细胞器,但含有核糖体、中间体和一些内含物,如糖原颗粒、脂肪颗粒等。细菌是典型的原核生物,在细菌细胞质内的拟核区中含有一个环状 DNA 分子。原核细胞的分裂方式为无丝分裂。

2. 真核细胞　真核细胞区别于原核细胞的最主要特征是出现有核膜包围的细胞核。真核细胞分为膜相结构和非膜相结构:膜相结构包括细胞膜、内质网、高尔基复合体、线粒体、核膜、溶酶体和过氧化物酶体;非膜相结构包括中心体、核糖体、染色质、核仁、细胞骨架、细胞基质和核基质。真核细胞的分裂方式主要为有丝分裂。

【难点解析】

一、蛋白质的分子结构

生物大分子空间构象的形成往往是分级进行的。蛋白质的一级结构是氨基酸构成的多肽链,在一级结构的基础上再形成空间结构。其多肽链首先以 α- 螺旋、β- 折叠等形式分区段折叠,形成局部的立体结构,在此基础上区域性的立体结构可进一步形成整体的空间构象。蛋白质的空间构象是蛋白质功能活性的基础,空间构象发生变化,其功能活性也相应地改变。

二、核酸

核酸的基本单位为核苷酸,每个核苷酸由磷酸、戊糖和含氮的碱基构成,构成 DNA 的碱基为 A、T、C、G,构成 RNA 的碱基为 A、U、C、G。

DNA 分子的两条链围绕一个中心轴形成双螺旋,但两条链的方向是相反的,一条链的磷酸二酯键连接的核苷酸方向是 $5' \rightarrow 3'$,另一条是 $3' \rightarrow 5'$。由于糖和磷酸是亲水的,碱基是疏水的,因此主链在螺旋的外侧,而碱基在螺旋的内侧。DNA 由于其独特的双链成分,需要首先将两条链配对成双链,再以组蛋白为核心缠绕成核小体结构,继而进一步以螺旋管、超级螺旋管的形式折叠盘旋形成染色质。

DNA 分子中碱基的排列即代表着遗传信息,因此,碱基序列的改变将对其所决定的蛋白质的组成和功能有重要影响。DNA 分子通过半保留复制形成两个完全相同的子代 DNA,将其遗传信息传递给下一代。DNA 分子通过碱基互补配对将其遗传信息转录形成 mRNA,再通过翻译形成多肽链。

【练习题】

一、名词解释

1. 生物大分子
2. 多肽链
3. 半保留复制

二、选择题

(一)单选题(A1 型题)

1. 下列有关全能性描述正确的是( )

    A. 细胞是生物体发育的基本单位

    B. 受精卵能发育成一个完整的个体

    C. 生殖细胞能发育成一个完整的个体

    D. 体细胞含有本物种的全套遗传信息,有发育成完整个体的潜能

    E. 体细胞没有生殖细胞的功能,不具备全能性

2. 下列细胞元素描述正确的是( )

    A. 宏量元素只有 C、H、O、N

    B. 宏量元素占原生质总量的 90%

    C. 宏量元素和微量元素在生命活动中都起重要作用,缺一不可

    D. 微量元素对细胞来说可有可无

    E. I 属于宏量元素

3. 下列不是 DNA 组成成分的为( )

    A. 脱氧核糖   B. 腺嘌呤   C. 鸟嘌呤

    D. 尿嘧啶   E. 磷酸

4. 下列属于单细胞生物的是( )

    A. 病毒   B. 洋葱   C. 细菌

    D. 蘑菇   E. 寄生虫

5. 蛋白质的一级结构是指( )

    A. 多肽链上经 α- 螺旋和 β- 折叠形成空间结构

  B. 主要指氨基酸残基的侧链间的结合

  C. 多肽链间通过次级键相互组合而形成的空间结构

  D. 多肽链中氨基酸残基的排列顺序

  E. 以上都是

6. 下列蛋白质功能描述错误的为（　　　　）

  A. 是生物体形态结构的功能基础   B. 具有运输作用

  C. 有遗传功能   D. 有催化功能

  E. 有调节作用

7. DNA 和 RNA 的主要区别是（　　　　）

  A. DNA 中有尿嘧啶核苷酸   B. DNA 的戊糖为脱氧核糖

  C. DNA 的戊糖为核糖   D. DNA 为单链

  E. DNA 中没有碱基

8. 真核细胞和原核细胞最大的差异是（　　　　）

  A. 细胞核的大小不同   B. 细胞核的结构不同

  C. 细胞核的物质不同   D. 细胞核的物质分布不同

  E. 有无核膜

9. 多肽链合成过程中，运输活化的氨基酸到核糖体的工具是（　　　　）

  A. mRNA   B. tRNA   C. rRNA

  D. cDNA   E. sRNA

10. 一个 DNA 分子链是由 630 个核苷酸组成的，经过自由排列组合其产生的序列种类为（　　　　）

  A. 350^2 B. 350^4 C. 4^{630}

  D. 4×350 E. 4^4

（二）多选题（X 型题）

1. 下列元素属于宏量元素的有（　　　　）

  A. N   B. Mg   C. I

  D. Cu   E. K

2. 酶催化的特性包括（　　　　）

  A. 高度专一性   B. 高度稳定性   C. 高度催化效能

  D. 高度不稳定性   E. 高度广泛性

3. DNA 双螺旋模型的特点有（　　　　）

  A. 两条脱氧核苷酸长链以同向平行的方式形成双螺旋

  B. 碱基位于双螺旋的内侧，戊糖和磷酸在外侧

  C. 碱基位于双螺旋的外侧，戊糖和磷酸在内侧

  D. 碱基之间以氢键配对

  E. 核糖之间以氢键配对

三、填空题

  1. 原生质内含量最多的水是＿＿＿＿＿＿，是细胞内良好的溶剂，细胞内的各种＿＿＿＿＿＿都在水溶液中进行。

2. 遗传信息是指 DNA 分子中特定的＿＿＿＿排列顺序。

3. RNA 分子由多个核糖核苷酸排列组成一条多聚核苷酸长链,基本上是以单链形式存在,但有的 RNA 分子的单链也可自身回折形成局部双链。根据功能的不同,可将 RNA 分为＿＿＿＿、＿＿＿＿、＿＿＿＿3 种类型。

四、问答题

1. 试举例说明蛋白质在机体中有哪些生物学作用。
2. 简述蛋白合成相关的主要 RNA 的种类和功能。
3. 比较 RNA 与 DNA 的主要区别。
4. 比较原核细胞与真核细胞结构的主要区别。

【参考答案】

一、名词解释

1. 生物大分子 是指分子量巨大、结构复杂、具有生物活性或蕴藏生命信息、决定生物体形态结构和生理功能的大分子有机物。

2. 多肽链 三个及以上氨基酸按一定顺序由肽键相连接形成的化合物称多肽,多肽为链状结构故称为多肽链。

3. 半保留复制 在新合成的子代 DNA 双链中,只有一条链是新合成的,而另一条链是来自亲代 DNA,这种复制方式称为半保留复制。

二、选择题

（一）单选题（A1 型题）

1. D 2. C 3. D 4. C 5. D 6. C 7. B 8. E 9. B 10. C

（二）多选题（X 型题）

1. ABE 2. AC 3. BD

三、填空题

1. 游离；代谢反应

2. 碱基

3. mRNA；tRNA；rRNA

四、问答题

1. ①结构和支持作用:蛋白质是构成细胞的主要成分,也是生物体形态结构的主要成分,例如微管蛋白就是构成细胞骨架的重要成分。②物质运输和信息传递作用:细胞膜上存在很多载体蛋白和受体蛋白,载体蛋白能为细胞运输营养物质,受体蛋白可接受细胞外信号,进而使细胞发生相应的反应,如红细胞中的血红蛋白同时有运输氧和二氧化碳的作用。③催化作用:酶的化学本质是蛋白质,细胞内的各种代谢反应都是在酶的催化作用下完成的,例如胰蛋白酶可消化食物中的蛋白质。④防御作用:免疫球蛋白是高等动物和人体细胞防御细菌入侵的抗体。⑤收缩作用：有些蛋白质具有收缩作用，例如肌肉细胞中的肌动蛋白和肌球蛋白相互滑动，可导致肌肉的收缩。⑥调节作用：细胞内起调节作用的某些肽类激素也是蛋白质，它们具有调节生长发育和代谢的作用，例如胰岛素具有调节血糖的作用。

2. RNA 分子由多个核糖核苷酸排列组成一条多聚核苷酸长链，部分节段可形成假双链结构。根据功能的不同，可将 RNA 分为 3 种类型：信使 RNA（mRNA）、转运 RNA（tRNA）、核糖体 RNA（rRNA）。①mRNA，含量占细胞内 RNA 总量的 1%~5%。功能是从细胞核内的 DNA 分子上转录出遗传信息，并带到细胞质中，与核糖体结合，作为合成蛋白质的模板；mRNA 分子中每三个相邻的碱基构成一个密码子，由密码子决定多肽链中氨基酸的排列顺序。②tRNA，整个分子成三叶草形的结构，靠近柄部的一端有—CCA 3 个碱基，为活化氨基酸的连接位置；与之相对应的另一端呈球形，称为反密码环，在环上有 3 个碱基，称为反密码子，这是与 mRNA 上密码子互补结合的位置；tRNA 的功能是在蛋白质生物合成过程中，专门运输活化的特异性氨基酸到核糖体的特定位置去缩合成肽链。③rRNA 构成核糖体的重要成分，核糖体是细胞内蛋白质合成的场所，即氨基酸缩合成肽链的"装配机"。

3. RNA 与 DNA 的主要区别表

类别	DNA	RNA
核苷酸组成	磷酸 脱氧核糖 碱基（A、G、C、T）	磷酸 核糖 碱基（A、G、C、U）
核苷酸种类	腺嘌呤脱氧核苷酸（dAMP） 鸟嘌呤脱氧核苷酸（dGMP） 胞嘧啶脱氧核苷酸（dCMP） 胸腺嘧啶脱氧核苷酸（dTMP）	腺嘌呤核苷酸（AMP） 鸟嘌呤核苷酸（GMP） 胞嘧啶核苷酸（CMP） 尿嘧啶核苷酸（UMP）
结构	双螺旋	单链
分布	主要存在于细胞核中	主要存在于细胞质中
功能	储存遗传信息	参与基因的表达

4. （1）细胞核：原核细胞无核膜、核仁，环状 DNA 裸露于胞质中；真核细胞有核膜、核仁，链状 DNA 与组蛋白结合成染色质，存在核内。

（2）内膜系统：原核细胞无或具有极简单的内膜系统；真核细胞具有极复杂的内膜系统，包括内质网、线粒体、高尔基体、溶酶体等。

（3）细胞骨架：原核细胞无，真核细胞有。

（张群芝）

第三章 细 胞 膜

【内容要点】

一、生物膜的概念和化学组成

1. 生物膜的概念　细胞膜又叫质膜,是包围在细胞质外周的一层界膜。在真核细胞内,除细胞膜外,在细胞内还有细胞内膜。细胞膜和细胞内膜合称为生物膜。

2. 生物膜的化学组成　生物膜主要由脂类、蛋白质和糖类组成。膜脂主要有磷脂、胆固醇和糖脂,它们都属于双亲性分子。膜蛋白有 3 类:外在蛋白(附着蛋白)、内在蛋白(镶嵌蛋白)和脂锚定蛋白,它们以不同的方式结合在膜上。脂质双层分子构成生物膜的骨架,膜蛋白是膜功能的主要承担者。

二、生物膜的结构

关于生物膜的分子结构模型,较为有代表性的有以下几种:

1. 单位膜模型　电镜下观察生物膜,发现均呈现两暗夹一明的三层结构,即内外为电子深染的暗层,厚约 2nm;中间为电子密度浅淡的亮层,厚约 3.5nm,膜全层厚约 7.5nm。这种结构模式普遍存在于生物膜中,故称单位膜。脂双层构成膜的主体,其极性头部向外,疏水尾部埋在膜中央;蛋白质以静电方式与磷脂极性端结合于膜内外两侧。

2. 流动镶嵌模型　这一模型广泛为学者们所接受。该理论认为,细胞膜是由流动的脂质双分子层中镶嵌着球形蛋白二维排列的液态体,强调膜具有流动性和不对称性的特点。为膜功能的复杂性提供了物质基础。

此外,生物膜分子结构模型还有"晶格镶嵌模型"和"板块镶嵌模型",这两种模型都认为细胞膜上的脂质和蛋白质随着生理状态和环境条件的变化而不断发生着晶态与非晶态的相互转化。膜的这种特殊状态使得它既保持了晶态分子的有序性,同时又兼有液态物质的流动性。

三、细胞膜的功能

1. 细胞膜与物质运输　细胞需要不断地与环境进行物质交换以维持生命活动。细胞膜具有选择通透性,物质跨膜的方式多种多样。

细胞膜对小分子和离子的转运方式有两类:一是被动运输,即物质从高浓度侧经过细胞膜转移至低浓度侧,不需要消耗细胞的代谢能。其中,有的没有膜上蛋白质的参与,如单纯扩散;有的则需要膜运输蛋白的介导。膜运输蛋白有两种,即通道蛋白和载体蛋白,所以,两种运输蛋白介导的运输分别称为通道蛋白介导的易化扩散和载体蛋白介导的易化扩散。另一类是主动运输,物质从低浓度一侧经过细胞膜向高浓度一侧运输,需要消耗细胞的代谢能,在主动运输中需要载体蛋白的介导,常见的主动运输有离子泵(Na^+-K^+泵、Ca^{2+}泵等)和协同运输。

大分子和颗粒物质进出细胞是通过膜泡运输完成的,根据物质转运方向,分为胞吞作用和胞吐作用。

胞吞作用分为三种类型:①吞噬作用,是细胞摄取颗粒物质的过程;②吞饮作用,是细胞摄入液体和溶质的过程;③受体介导的胞吞作用,是细胞利用有被小窝、有被小泡等结构特异性摄入特定物质的过程。

胞吐作用是细胞内的大分子物质(分泌物、代谢产物)排出细胞的过程。分为四个阶段:形成、移位、入坞和融合。细胞的分泌有两种形式:①固有分泌,分泌物形成之后随即被带到质膜,持续不断地被细胞分泌出去;②受调分泌,细胞内大分子合成后暂存于细胞内,当细胞接受细胞外信号后才发生分泌活动。

2. 细胞膜抗原与免疫作用　细胞膜抗原多为镶嵌在膜上的糖蛋白和糖脂,它们在输血、器官移植和肿瘤研究中都有重要意义。

3. 细胞膜受体与信号传递　受体是一类能够识别并结合配体的大分子,多为糖蛋白。细胞膜受体的主要功能是识别配体并与之结合,将胞外信号转变成胞内信号,引起胞内效应。细胞膜受体的结构包括调节单位、催化单位和转换部分;类型分为三种:离子通道耦连受体、酶联受体和 G 蛋白耦连受体。

四、细胞表面与细胞连接

1. 细胞表面的概念　由细胞膜和细胞膜外表面的细胞被以及细胞膜内表面的胞质溶胶层构成的一个复合的结构体系和功能体系,称为细胞表面。细胞表面使细胞有一个相对稳定的内环境,实现其物质交换、能量转换、信息传递、细胞识别和免疫等一系列功能。

2. 细胞连接的类型、结构和功能　细胞连接是指生物体相邻的细胞膜局部区域特化形成的细胞结合结构,它具有加强细胞之间的机械联系、沟通细胞间物质交换和信息传递的作用。细胞连接分为三种类型:紧密连接、锚定连接和间隙连接。紧密连接多存在于有腔上皮细胞侧面近管腔处的相邻细胞之间,起封闭细胞间隙、防止管腔内物质自由进入细胞间隙的作用。锚定连接分布于各种上皮细胞之间、上皮细胞与基膜之间,加强细胞间以及细胞与基膜之间的机械联系。间隙连接多分布于可兴奋细胞和非兴奋细胞,有细胞黏合和细胞通信的功能。

【难点解析】

一、生物膜的结构

单位膜模型理论是在电镜观察的基础上发展起来的一个重要理论,提出生物膜都是以"暗-明-暗"的形式存在,指出了各种生物膜在结构上的共性,该理论最大的缺陷是无法解释各种生物膜功能的多样性。流动镶嵌模型认为,细胞膜是由流动的脂类双分子层中镶嵌着球形蛋白组成的,强调了膜的流动性和球形蛋白质与脂类双分子层的镶嵌关系,但没能说明细胞膜在保持流动性的同时怎样保持其相对稳定性和完整性。晶格镶嵌模型则认为,膜脂处于无序(液态)和有序(晶态)的相变过程中,膜蛋白对其周围的脂类分子的运动有限制作用,二者组成小片有序区域(晶格),强调膜的有序性是局部的,流动性也是局部的。板块镶嵌模型是对流动镶嵌模型和晶格镶嵌模型的修改和补充。要用动态的观点认识生物膜,才能更好地理解流动镶嵌模型、晶格镶嵌模型和板块镶嵌模型。

二、物质跨膜运输的方式

不同的物质,跨细胞膜转运的方式不同。根据被转运物质的大小,分为两大类:小分子和离子的穿膜运输、大分子和颗粒物质的膜泡转运。

穿膜运输中,依据被转运物质的脂溶性大小、是否有膜蛋白(通道蛋白或载体蛋白)的协助、转运方向(顺浓度梯度或逆浓度梯度)、是否消耗细胞代谢能,分为被动运输和主动运输,被动运输又分为单纯扩散和易化扩散,主动运输分为离子泵和协同运输。

膜泡转运首先是根据物质进出细胞的方向,分成胞吞作用和胞吐作用。胞吞作用由于摄入物质不同、形成的囊泡大小不同、特异性不同分为三种方式:吞噬作用、吞饮作用和受体介导的胞吞作用。胞吐作用根据物质排出细胞的机制,分为结构性分泌途径和调节性分泌途径。

三、各类膜受体的结构和作用机制

离子通道耦联受体:这类通道同时还是受体或与受体紧密耦联,离子通道的"开放"或"关闭"受细胞外配体的调节。

酶联受体:它是单条肽链组成的一次性跨膜蛋白,当细胞外配体与其 N 端受体结合区结合后,通过受体构象的变化,激活膜内侧 C 端的酪氨酸激酶,酪氨酸激酶使细胞内底物磷酸化,从而把细胞外的信号转导到细胞内。

G 蛋白耦联受体:该类受体结构相似,具有高度的保守性和同源性。受体的细胞质区具有与鸟苷酸结合蛋白(G 蛋白)相结合的部位,G 蛋白能够结合 GTP,并能将结合的 GTP 分解为 GDP。当配体与受体结合后,就能触发受体构象改变,进一步调节 G 蛋白活性,从而激活细胞内效应蛋白,实现信号跨膜传递。

四、细胞连接的类型和结构

1. 紧密连接 广泛存在于各种上皮管腔面细胞的顶端。在连接部位有网状嵴线,它是由相邻细胞质膜中成对的跨膜蛋白成串排列构成,相邻细胞的嵴线相互交联封闭了细胞之间的间隙。紧密连接有两个主要功能,一是封闭上皮细胞的间隙,形成渗透屏障;二是形成上皮细胞膜蛋白和膜脂侧向扩散的屏障,维持上皮细胞的极性。

2. 锚定连接 通过细胞质膜蛋白与细胞骨架系统将相邻细胞,或细胞与胞外基质间连接起来。根据直接参与连接的细胞骨架种类不同,分为黏着连接和桥粒连接。黏着连接是由肌动蛋白丝参与的细胞连接,分为黏着带和黏着斑两种。黏着带是相邻细胞间形成的连续带状结构,通过跨膜黏连蛋白形成胞间连接,在胞质面上有黏着斑,通过黏着斑将黏连蛋白与细胞内的微丝束联系在一起。黏着斑是细胞与胞外基质间的连接方式,组成成分与黏着带不同。桥粒连接是由中间纤维介导的连接形式,分为桥粒和半桥粒。桥粒为相邻细胞间形成的纽扣样结构,跨膜黏连蛋白是将细胞衔接的分子基础,黏连蛋白与胞质面盘状胞质斑相连,胞质斑是细胞内中间纤维锚定附着的部位,从而形成一个贯穿于整个组织的中间纤维网络。中间纤维依据细胞类型不同而种类不同,上皮细胞中主要是角蛋白纤维。半桥粒是细胞与胞外基质间的连接形式,化学组成不同于桥粒。

3. 间隙连接 间隙连接的结构单位是连接小体,每个连接小体由 6 个跨膜亚单位环绕构成,中央有一个直径 1.5nm 的亲水孔道,允许离子和小分子物质进入相邻细胞,连接小体常成簇分布。间隙连接除连接细胞外,主要功能是耦连细胞通信。

【练习题】

一、名词解释

1. 生物膜
2. 单位膜
3. 被动运输
4. 单纯扩散
5. 易化扩散
6. 主动运输
7. 协同运输
8. 配体
9. 受体

二、选择题

（一）单选题（A1 型题）

1. 能防止细胞膜流动性突然降低的脂类是（　　　）
   A. 磷脂酰肌醇　　　　　　B. 磷脂酰胆碱　　　　　　C. 鞘磷脂
   D. 磷脂酰丝氨酸　　　　　E. 胆固醇

2. 生物膜在电镜下呈现"暗 – 明 – 暗"三层结构的是（　　　）
   A. 片层结构模型　　　　　B. 单位膜模型　　　　　　C. 液态镶嵌模型
   D. 晶格镶嵌模型　　　　　E. 板块镶嵌模型

3. 目前被广泛接受的生物膜分子结构模型是（　　　）
   A. 片层结构模型　　　　　B. 单位膜模型　　　　　　C. 液态镶嵌模型
   D. 晶格镶嵌模型　　　　　E. 板块镶嵌模型

4. 关于细胞膜,叙述不正确的是（　　　）
   A. 所含胆固醇是兼性分子　　　　　　B. 高度选择性的半透膜
   C. 动态的流体结构　　　　　　　　　D. 载体蛋白专一进行主动运输
   E. 是接受化学信号的感受器

5. 不能通过简单扩散进出细胞膜的物质是（　　　）
   A. O_2　　　　　　　　　B. N_2　　　　　　　　　C. 乙醇
   D. 甘油　　　　　　　　　E. Na^+、K^+

6. O_2 或 CO_2 通过细胞膜的运输方式是（　　　）
   A. 简单扩散　　　　　　　B. 易化扩散　　　　　　　C. 帮助扩散

D. 主动运输　　　　　　　E. 被动运输

7. 以简单扩散形式通过细胞膜的物质是（　　）

　　A. 葡萄糖　　　　　　　B. 氨基酸　　　　　　　C. 核苷酸

　　D. 甘露糖　　　　　　　E. 尿素

8. 下列哪项不是 Na^+-K^+ 泵的特征（　　）

　　A. 细胞膜载体蛋白　　　B. 构型可逆变化　　　　C. 酶

　　D. 构象可逆变化　　　　E. 磷酸化

9. 低密度脂蛋白（LDL）进入细胞的方式是（　　）

　　A. 受体介导的内吞作用　　　　　　　B. 离子驱动的主动运输

　　C. 易化扩散　　　　　　　　　　　　D. 主动运输

　　E. 协同运输

10. 能与特定溶质结合,改变构象,使溶质分子顺浓度梯度通过膜的运输方式是（　　）

　　A. 膜脂双层简单扩散　　　　　　　　B. 通道蛋白介导的易化扩散

　　C. 载体蛋白介导的易化扩散　　　　　D. 离子梯度驱动的主动运输

　　E. 受体介导的内吞作用

11. 肠腔中葡萄糖浓度低时,肠上皮细胞吸收葡萄糖的方式（　　）

　　A. 简单扩散　　　　　　B. 易化扩散　　　　　　C. 通道蛋白运输

　　D. 协同运输　　　　　　E. 主动运输

12. 细胞摄入微生物或细胞碎片进行消化的过程称为（　　）

　　A. 吞噬作用　　　　　　B. 吞饮作用　　　　　　C. 自溶作用

　　D. 自噬作用　　　　　　E. 受体介导的内吞作用

13. 载体蛋白介导的易化扩散与通道蛋白介导的易化扩散的区别是（　　）

　　A. 底物溶解性不同　　　B. 物质运输方向不同　　C. 是否与底物结合

　　D. 是否消耗代谢能　　　E. 是否受温度调节

14. 包围在细胞质外层的复合结构和多功能体系称为（　　）

　　A. 细胞膜　　　　　　　B. 细胞表面　　　　　　C. 细胞被

　　D. 胞质溶胶　　　　　　E. 细胞外基质

15. 细胞膜抗原多为镶嵌在细胞膜上的（　　）

　　A. 磷脂　　　　　　　　B. 胆固醇　　　　　　　C. 糖蛋白和糖脂

　　D. 多糖和多核苷酸　　　E. 寡糖

16. 由中间纤维介导的细胞连接形式（　　）

　　A. 紧密连接　　　　　　B. 黏着带　　　　　　　C. 桥粒连接

　　D. 间隙连接　　　　　　E. 黏着斑

17. 具有耦连细胞通信功能的细胞连接为（　　）

　　A. 紧密连接　　　　　　B. 黏着带　　　　　　　C. 桥粒连接

　　D. 间隙连接　　　　　　E. 黏着斑

18. 下列不属于膜受体的是（　　）

　　A. 离子通道受体　　　　B. G 蛋白耦联受体　　　C. 酶联受体

　　D. N- 乙酰胆碱受体　　　E. 核受体

19. 板块镶嵌模型与液态镶嵌模型的显著区别是（　　）

A. 膜蛋白在膜中的分布位置　　　　　B. 膜不具有流动的性质

C. 膜蛋白的运动方式　　　　　　　　D. 膜脂的运动方式

E. 流动性不均一状态

20. 膜蛋白根据其在膜中的位置及其与膜脂分子的结合方式,类型分(　　　)

A. 2 种　　　　　　　　B. 3 种　　　　　　　　C. 4 种

D. 5 种　　　　　　　　E. 以上都不是

（二）多选题（X 型题）

1. 使溶质分子顺浓度梯度通过膜的运输方式是(　　　)

A. 离子泵运输　　　　　B. 单纯扩散　　　　　　C. 协同运输

D. 易化扩散　　　　　　E. 被动运输

2. 主动运输与被动运输的主要区别是(　　　)

A. 是否消耗代谢能　　　B. 是否转运离子　　　　C. 有无载体介导

D. 被转运物的水溶性　　E. 物质运输方向

3. 膜受体的生物学特性包括(　　　)

A. 特异性　　　　　　　B. 高亲和性　　　　　　C. 可饱和性

D. 可逆性　　　　　　　E. 半自主性

4. 葡萄糖通过细胞膜的运输方式包括(　　　)

A. 单纯扩散　　　　　　B. 易化扩散　　　　　　C. 协同扩散

D. 离子泵　　　　　　　E. 自由扩散

5. 影响膜流动性的因素(　　　)

A. 卵磷脂与鞘磷脂比值　B. 膜蛋白数量　　　　　C. 胆固醇含量

D. 脂肪酸链长度　　　　E. 脂肪酸链饱和程度

三、填空题

1. 从广义上讲,一个完整的受体应包括_____、_____和_____三部分。

2. 由于摄入物质和形成小泡的大小不同,胞吞作用分为_____、_____和_____三种形式。

3. _____分泌途径存在于_____中,其分泌囊泡形成后被迅速转移到细胞膜处排出;而_____分泌途径则只发生在_____细胞。

4. 细胞表面是指包围在细胞质外层的一个_____和_____,动物的细胞表面结构包括_____、_____、_____、_____以及表面特化结构。

5. 细胞连接分为_____、_____和_____,而_____又分为黏着连接和桥粒连接两种。

四、问答题

1. 细胞膜是由哪些化学物质组成的? 它们在膜中各起什么作用?

2. 细胞膜有何特性? 哪些因素影响膜的流动性?

3. 简述单位膜模型、液态镶嵌模型和晶格镶嵌模型的基本内容。

4. 以 $Na^+ - K^+$ 泵为例说明细胞主动运输的过程。

5. 细胞连接有哪几种类型? 简述各类型的结构、功能特点。

【参考答案】

一、名词解释

1. 生物膜　细胞膜和细胞内膜统称为生物膜,主要由脂和蛋白质组成。

2. 单位膜　电镜观察,生物膜均清晰的呈现为"暗－明－暗"的三层式结构,即两侧为电子密度高的暗带,中间为电子密度低的亮带,暗带厚约 2nm,明带厚约 3.5nm,膜全层厚约 7.5nm,这种结构形式称为单位膜。

3. 被动运输　指物质顺浓度梯度(即由高浓度向低浓度)、不消耗细胞代谢能的跨膜转运方式。

4. 单纯扩散　是指物质不需膜蛋白帮助、不消耗细胞代谢能、顺浓度梯度转移的运输方式,又称简单扩散。

5. 易化扩散　是指借助于膜蛋白的帮助、不消耗细胞代谢能、顺浓度梯度运输物质的方式,又称协助扩散或帮助扩散。

6. 主动运输　是指物质借助载体蛋白、利用细胞代谢能、逆浓度梯度(从低浓度一侧向高浓度一侧)通过细胞膜的运输方式。

7. 协同运输　又称耦联运输,是指一种物质的运输依赖于第二种物质的同时运输,运输的动力不是直接由 ATP 提供,而是由存储于离子梯度中的能量驱动的。

8. 配体　是指细胞外能与受体特异性结合,并通过受体介导作用,才能对细胞产生效应的信号分子。它包括激素、神经递质、抗原、药物以及其他有生物活性的化学物质。

9. 受体　是一类能够识别和结合某种配体的大分子,从而将胞外信号转变成胞内信号,引起胞内效应。

二、选择题

(一)单选题(A1 型题)

1. E　2. B　3. C　4. D　5. E　6. A　7. E　8. B　9. A　10. C　11. D　12. A　13. C　14. B　15. C　16. C　17. D　18. E　19. E　20. B

(二)多选题(X 型题)

1. BDE　2. AE　3. ABCD　4. BC　5. ABCDE

三、填空题

1. 调节单位;催化单位;转换部分

2. 吞噬作用;吞饮作用;受体介导的胞吞作用

3. 结构性;所有真核细胞;调节性;某些特殊分泌细胞

4. 复合结构体系;功能体系;细胞膜;细胞外被;胞质溶胶;细胞连接

5. 紧密连接;锚定连接;间隙连接;锚定连接

四、问答题

1. 细胞膜主要由脂类、蛋白质和糖类三种成分构成。

脂双分子层是组成细胞膜的基本骨架。

细胞膜的功能主要由膜蛋白决定,它们作为酶、载体、受体等执行着重要的生物学功能。

真核细胞膜外表面覆盖有糖类,它们与膜蛋白或膜脂相结合,形成糖蛋白或糖脂。膜糖类与细胞之间的黏着、细胞免疫、细胞识别有密切的关系。

2. 细胞膜具有两个特性,即流动性和不对称性。

影响膜流动性的主要因素有:①胆固醇的含量。在相变温度以上,它可以减少脂质分子尾部的运动,限制膜的流动性;而在相变温度以下,它可以增强脂质分子尾部的运动,提高膜的流动性。②脂肪酸链的长度和不饱和程度的影响。脂肪酸链短其尾部间的相互作用较小,使膜的流动性增加;反之,脂肪酸链长其尾部的相互作用较大,膜的流动性降低;饱和的脂肪酸链直而排列紧密,使分子间的有序性加强,降低膜的流动性;不饱和脂肪酸链的双键部位有弯曲,使分子间的排列疏松,增加膜的流动性。③卵磷脂和鞘磷脂比值的影响。卵磷脂的脂肪酸链短,不饱和程度高,相变温度低;而鞘磷脂饱和程度高,相变温度也高;卵磷脂与鞘磷脂的比值越高,膜的流动性就越大。④膜蛋白对膜流动性的影响。内在蛋白使其周围的脂类成为界面脂,导致膜脂的微黏度增加、膜脂流动性降低;膜中内在蛋白与膜外的配体、抗体及其他大分子相互作用均影响膜蛋白的流动性;另外,内在膜蛋白与膜下细胞骨架相互作用也会限制膜蛋白的运动,因此,内在膜蛋白的数量越多,膜的流动性越小。

3. 单位膜模型认为,磷脂双分子层构成膜的主体,其极性头部朝向膜的内外两侧,疏水的尾部埋在膜的中央;单层肽链的蛋白质通过静电作用与磷脂极性端结合于膜的内外两侧;电子密度高的暗带相当于磷脂分子的亲水端和蛋白质分子,而电子密度低的明带相当于磷脂分子的疏水尾区。

液态镶嵌模型认为,流动的脂类双分子层构成膜的连续主体,球形蛋白质分子以不同程度嵌入到脂质双分子层中。该模型主要强调了膜的流动性。

晶格镶嵌模型认为,膜上的脂质分子处于无序(液态)和有序(晶态)的相变过程之中,膜蛋白对脂类分子的运动有限制作用。镶嵌蛋白可与其周围的脂类分子共同组成膜中的晶态部分(晶格),致使流动的膜脂仅呈小片状或点状分布。由此可见脂质的流动性只是局部的。

4. 钠钾泵的作用过程是通过 Na^+–K^+–ATP 酶的构象变化来完成的。其大亚基在膜内表面有 Na^+ 和 ATP 结合位点,在膜外表面有 K^+ 结合位点。首先细胞内 Na^+ 结合到离子泵的 Na^+ 结合位点上,激活了 ATP 酶活性,使 ATP 分解;ATP 分解产生的高能磷酸根与 ATP 酶结合,使酶发生磷酸化并引起酶构象的改变,Na^+ 结合位点转向膜外侧。此时酶对 Na^+ 的亲和力低而对 K^+ 的亲和力高,于是将 Na^+ 释放到细胞外,同时与细胞外的 K^+ 结合,K^+ 与酶结合后促使 ATP 酶释放磷酸根(去磷酸化),酶的构象又恢复原状,将 K^+ 转运到细胞内。如此可反复进行。钠钾泵每完成一次转运过程,可同时泵出 3 个 Na^+ 和泵入 2 个 K^+。而且,这种反复进行的构象变化相当快速,1s 可进行 1000 次。

5. 细胞连接可分为紧密连接、锚定连接和间隙连接三种。

(1)紧密连接:由相邻细胞质膜中成串排列的跨膜蛋白组成对合的封闭线,又称嵴线,数条这样的封闭嵴线相互交织成网,将相邻细胞网状嵌合在一起。其主要功能是封闭上皮细胞的间隙,阻止物质在细胞间隙中任意穿行。还可限制膜转运蛋白的扩散,使不同功能的蛋白质维持在不同的质膜部位,以保证物质转运的方向性。此外,紧密连接还具有隔离和一定的支持功能。

(2)锚定连接:是指两细胞骨架成分间的连接,或细胞骨架成分与细胞外基质相连接而形成的结构。根据参与连接的成分不同,可分为黏着连接和桥粒连接两种。

1)黏着连接:是由肌动蛋白丝介导的锚定连接形式。黏着带能使细胞间相互联系成一个坚固的整体,而且对脊椎动物形态发生时神经管的形成有重要作用。黏着斑的形成与解离,对细胞的贴附铺展或迁移运动也有重要意义。

2)桥粒连接:是由中间纤维介导的锚定连接形式。跨膜黏连蛋白是将细胞衔接的分子基础,黏连蛋白与胞质面盘状胞质斑相连,胞质斑是细胞内角蛋白纤维附着的部位。角蛋白纤维从细胞骨架伸向胞质斑,进入胞质斑后又折回到细胞质中,从而将细胞牢固地扣接在一起或铆接在基底膜上。桥粒连接使组织有较强的抗张、抗压能力,对保持细胞形态和细胞硬度起重要作用;还可防止上皮细胞层的脱落。

(3)间隙连接:电镜下,间隙连接处两个细胞膜之间有约 2nm 的缝隙,膜上分布着跨膜蛋白整齐排列的连接小体。每个连接小体呈六角形,由 6 个跨膜蛋白亚单位构成外围,中间是直径为 1.5nm 的孔道。两膜上的连接小体位置相当,孔道对应构成亲水小管,细胞内的离子和小分子物质可借此通往相邻的细胞。连接小体在细胞膜上常成簇出现。间隙连接除连接细胞外,主要功能是耦联细胞通信。

（关 晶）

第四章 细胞的内膜系统

【内容要点】

内膜系统是指位于细胞质内,在结构、功能乃至发生上具有一定联系的膜性结构的总称。其主要包括内质网、高尔基复合体、溶酶体、过氧化物酶体、核膜及各种转运小泡等功能结构。

一、内质网

(一)内质网的形态结构与类型

1. 内质网的形态结构　内质网是由相互连续的管状、泡状和扁囊状结构构成的三维网状膜系统。

2. 内质网的类型　根据内质网膜外表面是否有核糖体附着可将内质网分为粗面内质网和滑面内质网两大类。

(二)内质网的化学组成

内质网膜由脂类和蛋白质组成,所含的脂类有磷脂、中性脂、缩醛脂和神经节苷脂等,其中磷脂的含量最多,而在磷脂中又以磷脂酰胆碱(卵磷脂)含量最多,鞘磷脂含量少。内质网膜有较为丰富的蛋白质及大量的酶,其中葡萄糖-6-磷酸酶被视为内质网膜的标志酶。

(三)内质网的主要功能

1. 粗面内质网的功能　主要合成分泌性蛋白、膜蛋白及驻留蛋白(内质网、高尔基复合体和溶酶体内的蛋白质)。

(1)信号肽指导分泌蛋白质的合成:核糖体被信号肽引导到内质网膜,内质网膜上核糖体合成的不断延长的多肽链穿过内质网膜并进入内质网腔。

(2)蛋白质糖基化:蛋白质糖基化是指单糖或寡聚糖与蛋白质共价结合形成糖蛋白的过程。在糖蛋白中有两种连接方式,一种是N-连接糖蛋白,即寡糖与蛋白质天冬酰胺残基侧链的氨基基团共价结合形成。其糖链合成与糖基化修饰始于RER,完成于高尔基复合体;另一种是O-连接糖蛋白,由寡糖与蛋白质的酪氨酸、丝氨酸和苏氨酸残基侧链上的羟基基团共价结合形成。蛋白质糖基化主要或完全是在高尔基复合体中完成。

(3)蛋白质的折叠与装配:进入到内质网腔内的多肽链要在内质网腔内进行折叠。

(4)蛋白质的运输:分泌蛋白经糖基化作用和折叠并装配后,被包裹于由内质网分泌的囊泡中,以转运小泡的形式进入高尔基复合体,进一步修饰加工后形成大囊泡,最终以分泌颗粒的形式被排出到细胞外。

2. 滑面内质网的功能　主要是参与合成膜脂、脂肪和类固醇激素;糖原的代谢;解毒作用及肌肉收缩等。

二、高尔基复合体

1. 高尔基复合体的形态结构　高尔基复合体是一种有极性的细胞器,是由一层单位膜围成的扁平的泡状复合结构,由扁平囊、小囊泡、大囊泡三部分组成。

2. 高尔基复合体的化学组成　高尔基复合体膜成分大约含 55% 蛋白质和 45% 脂类。组成高尔基复合体的各种膜脂的含量介于细胞膜和内质网膜之间。高尔基复合体含有多种酶类,糖基转移酶被认为是高尔基复合体的标志酶。

3. 高尔基复合体的功能　①在细胞分泌活动中的作用;②对蛋白质的修饰加工作用;③对蛋白质的分选和运输;④参与膜的转化。

三、溶酶体

1. 溶酶体的形态结构与组成　溶酶体是由一层单位膜包围而成的球形或卵圆形的囊泡状结构,内含有 60 多种酸性水解酶,能分解各种内源性和外源性物质,被称为细胞内的消化器。溶酶体具有高度异质性,不同类型的细胞溶酶体所含酶的种类和数量也不相同,但酸性磷酸酶普遍存在于各种溶酶体中,是溶酶体的标志酶。这些酶作用的最适 pH 通常在3.5~5.5。

2. 溶酶体的形成和成熟过程　①酶蛋白在内质网内合成和糖基化;②酶蛋白在高尔基复合体内磷酸化和糖基化;③在细胞质基质中形成内体性溶酶体。

3. 溶酶体的类型　根据溶酶体的形成过程和功能状态,分为内体性溶酶体和吞噬性溶酶体两大类。吞噬性溶酶体根据其作用底物的来源和性质不同,分为自噬性溶酶体和异噬性溶酶体。吞噬性溶酶体到达终末阶段,还残留一些未被消化和分解的物质,称为残余小体。

4. 溶酶体的功能　①对细胞内物质的消化;②对细胞外物质的消化;③参与器官、组织退化与更新;④参与激素的分泌。

5. 溶酶体与疾病　近年来的研究表明,某些疾病如先天性溶酶体病、硅沉着病、类风湿性关节炎、恶性肿瘤等与溶酶体的功能状态密切相关。

四、过氧化物酶体

1. 过氧化物酶体的形态结构和组成　过氧化物酶体是由一层单位膜包裹的圆形或椭圆形小体,内含有 40 多种酶,主要分为氧化酶和过氧化氢酶两类,其中过氧化氢酶可视为过氧化物酶体的标志酶。过氧化物酶体是一种具有异质性的细胞器。

2. 过氧化物酶体的功能　过氧化物酶体中的各种氧化酶能氧化多种底物,对肝、肾细胞的解毒作用是非常必要的。另外过氧化物酶体还可能参与核酸、脂肪和糖的代谢。

【难点解析】

一、信号肽引导核糖体与内质网膜结合

1975 年 Blobel 等根据实验结果提出了信号假说。信号假说内容如下:

1. 合成信号肽　信号肽是在蛋白质合成中最先被翻译的一段氨基酸序列,由信号密码所编码,通常由 18~30 个疏水氨基酸组成。

2. 信号识别颗粒(signal recognition particle,SRP)识别信号肽并与核糖体结合 SRP 存在于细胞质基质中,由 6 个结构不同的多肽亚单位和一个小的 7SLRNA 分子组成。SRP 既能识别暴露于核糖体之外的信号肽,又能分别与核糖体、粗面内质网膜上的 SRP 受体特异结合。

3. SRP 介导核糖体附于 RER 膜上 当核糖体合成的肽链延长至 80 个氨基酸残基、信号肽伸出核糖体外时,SRP 既可与信号肽结合,又与核糖体结合形成 SRP-核糖体复合体。由于结合到核糖体上的 SRP 占据了核糖体的受体部位(A 位),阻止了下一个氨酰-tRNA 进入核糖体,从而导致蛋白质的合成过程暂时停止。

4. 信号肽引导多肽链穿越内质网膜 SRP-核糖体复合体中的 SRP 还可与暴露于内质网膜上的 SRP 受体结合,同时核糖体大亚基与膜上的核糖体结合蛋白Ⅰ和Ⅱ结合,使核糖体附于内质网膜上。SRP 与 SRP 受体的结合是暂时性的,当核糖体附着于内质网膜之后,SRP 便从核糖体和 SRP 受体上解离下来,进入细胞质基质,参加下一次介导作用。

二、分泌性蛋白的合成、修饰加工、分选与运输

1. 粗面内质网参与蛋白质的合成 细胞内蛋白质的合成都是起始于细胞质基质中的核糖体。一般认为,游离核糖体和附着核糖体所合成的蛋白质种类不同。游离核糖体主要合成细胞内的某些基础性蛋白,其中一些蛋白留在细胞质中参与代谢反应,一些被分别运送到细胞核、线粒体和过氧化物酶体中。而附着核糖体主要合成分泌性蛋白、膜蛋白和驻留蛋白。在细胞质基质中核糖体被信号肽引导结合到内质网膜上成为附着核糖体,合成的蛋白质多肽链穿过内质网膜并进入内质网腔。

2. 粗面内质网参与蛋白质的修饰加工 粗面内质网在内质网腔中完成蛋白质的折叠、加工修饰。蛋白质的加工和修饰作用主要有糖基化、羟基化、酰基化、二硫键的形成等。其中 N-连接糖蛋白是从内质网开始的,最后在高尔基复合体中完成。

粗面内质网对蛋白质的修饰加工、折叠发生在内质网腔。在内质网腔面膜上的糖基转移酶的作用下,被活化的寡聚糖与进入内质网腔的多肽链上的天冬酰胺残基侧链上的氨基基团连接,形成 N-连接糖蛋白。内质网腔中多肽链的折叠是通过分子伴侣来完成的。分子伴侣是一类在细胞内协助其他蛋白质多肽链进行正确折叠、组装、转运及降解的蛋白质分子,如葡萄糖调节蛋白附着在内质网膜的腔面上,可反复切断和形成二硫键,以帮助新合成的蛋白质处于正确折叠的状态。结合蛋白可以识别不正确折叠的蛋白或未装配好的蛋白亚单位,并促进它们重新折叠与装配。最近证明,结合蛋白属于热休克蛋白 70(HSP70)家族的新成员,遍布在内质网中。

3. 粗面内质网参与蛋白质的运输 分泌蛋白进入内质网腔后,经糖基化、折叠与装配,被包裹于由内质网分泌的囊泡中,以出芽形式形成膜性小泡而转运。

4. 高尔基复合体参与蛋白质的修饰加工 高尔基复合体的修饰加工作用主要是对内质网加工的 N-连接糖蛋白进一步糖基化,O-连接糖蛋白主要或全部在高尔基复合体内进行。在高尔基复合体的不同部位存在、与糖的修饰加工有关的酶类是不同的,因此糖蛋白在高尔基复合体中的修饰和加工在空间上和时间上具有高度的有序性。如溶酶体蛋白酶的修饰加工过程。

5. 高尔基复合体参与蛋白质的分选与运输 在内质网合成的蛋白质,经过内质网、高尔基复合体加工和修饰后被分拣送往细胞的各个部位。分选蛋白一般与高尔基复合体反面膜上

的特异受体结合,并由衣被包裹而成为有被小泡,有被小泡中包含有经分选的特异蛋白,有被小泡在运输过程中脱掉衣被成为无被小泡。当运输小泡到达靶部位时,以膜融合的方式将内容物排出。

三、溶酶体的形成和成熟过程

溶酶体中含有多种酸性水解酶,它们绝大多数是糖蛋白,在内质网中合成后需进行糖基化,然后在高尔基复合体的反面完成分选和运输。高尔基复合体的反面芽生的运输小泡和内体合并,形成内体性溶酶体。具体过程如下:

1. 酶蛋白在内质网合成和糖基化　溶酶体酶蛋白在粗面内质网膜上的多聚核糖体上合成,酶蛋白前体进入内质网腔,经过加工、修饰,形成 N- 连接糖蛋白,再被内质网以出芽的形式包裹形成膜性小泡,转运到高尔基复合体的形成面。

2. 酶蛋白在高尔基复合体磷酸化和分选　①在高尔基复合体形成面膜囊内,溶酶体酶蛋白寡糖链上的甘露糖残基在磷酸转移酶的催化下,可被磷酸化为甘露糖 -6- 磷酸(mannose-6-phosphate , M-6-P) , M-6-P 被认为是溶酶体水解酶分选的重要识别信号;②在高尔基复合体成熟面上有 M-6-P 识别的受体,能与 M-6-P 标记的溶酶体水解酶前体识别、结合,然后局部出芽形成表面覆有网格蛋白的有被小泡。

3. 在细胞质基质中形成内体性溶酶体:①有被小泡很快脱去网格蛋白外被形成表面光滑的无被小泡;②无被小泡与晚内体融合,在其膜上质子泵的作用下,将胞质中的 H^+ 泵入使其腔内 pH 降到 6.0 以下;③在酸性条件下 M-6-P 标记的溶酶体水解酶前体与识别 M-6-P 的受体分离,并通过去磷酸化而形成内体性溶酶体(即初级溶酶体),同时膜上 M-6-P 受体则以出芽形式形成运输小泡返回到高尔基体成熟面。

四、溶酶体的类型

溶酶体在形态及内含物上呈现多样性和异质性。根据溶酶体的形成过程和功能状态,可将溶酶体分为内体性溶酶体和吞噬性溶酶体两大类。

内体性溶酶体由高尔基复合体成熟面芽生的运输小泡和内体合并而成。其内含有尚未被激活的水解酶,而没有作用底物及消化产物。

吞噬性溶酶体是由内体性溶酶体和将被水解的各种吞噬底物融合而成。吞噬性溶酶体除了含有已被激活的水解酶外,还有作用底物和消化产物。根据其作用底物的来源和性质不同,吞噬性溶酶体可分为自噬性溶酶体和异噬性溶酶体。

自噬性溶酶体是底物先被细胞本身的膜(如内质网膜)所包围形成自噬体,然后再与内体性溶酶体融合形成。自噬性溶酶体的作用底物是内源性的,包括细胞内衰老或崩解的细胞器(如未分解的内质网、线粒体等)以及细胞质中过量贮存的脂类、糖原颗粒等。

异噬性溶酶体是细胞先以内吞方式将这些外源物质摄入细胞内,形成吞噬体或吞饮体,再与内体性溶酶体融合形成。异噬性溶酶体的作用底物是一些被摄入到细胞内的外源性物质,其中包括外源性的细胞和一些大分子物质,如细菌、红细胞、血红蛋白、铁蛋白、酶和糖原颗粒等。

吞噬性溶酶体到达终末阶段,由于水解酶的活性降低或消失,还残留一些未被消化和分解的物质,形成在电镜下见到电子密度高、色调较深的残余物,称为终末溶酶体(或残余小体),如多泡体、含铁小体、脂褐质和髓样结构等。

【练习题】

一、名词解释

1. 内膜系统
2. 信号肽
3. 内体性溶酶体
4. 吞噬性溶酶体
5. 残余小体

二、选择题

（一）单选题（A1 型题）

1. 细胞内能进行蛋白质修饰和分选的细胞器是（　　　）。
   A. 内质网　　　　　　B. 高尔基复合体　　　　C. 线粒体
   D. 溶酶体　　　　　　E. 核糖体

2. 膜蛋白高度糖基化的是（　　　）。
   A. 细胞质膜　　　　　B. 粗面内质网膜　　　　C. 滑面内质网膜
   D. 高尔基复合体膜　　E. 溶酶体膜

3. 粗面内质网合成分泌蛋白时最先合成的一段多肽链是信号肽，信号肽的切除是发生在（　　　）。
   A. 粗面内质网　　　　B. 滑面内质网　　　　　C. 高尔基复合体
   D. 溶酶体　　　　　　E. 过氧化物酶体

4. 肝细胞的解毒作用主要是通过（　　　）的氧化酶系完成的。
   A. 粗面内质网　　　　B. 滑面内质网　　　　　C. 高尔基复合体
   D. 溶酶体　　　　　　E. 线粒体

5. 溶酶体酶的分选信号是（　　　）。
   A. N-乙酰葡萄糖胺　　B. 半乳糖　　　　　　　C. 唾液酸
   D. 甘露糖 –6– 磷酸　　E. 6– 磷酸 – 葡萄糖

6. 粗面内质网与核糖体的（　　　）亚基相连。
   A. 30S 的小亚单位　　B. 40S 的小亚单位　　　C. 50S 的大亚单位
   D. 60S 的大亚单位　　E. 80S 的核糖体颗粒

7. 下列选项不是粗面内质网的功能是（　　　）。
   A. 核糖体附着的支架　　B. 参与分泌蛋白的合成　　C. 物质运输的管道
   D. 区域化作用　　　　　E. 解毒作用

8. 高尔基复合体的小囊泡主要来自（　　　）。
   A. 高尔基复合体　　　B. 粗面内质网　　　　　C. 滑面内质网
   D. 微粒体　　　　　　E. 溶酶体

9. 高尔基复合体结构的主体部分是（　　　）。
   A. 大囊泡　　　　　　B. 扁平囊　　　　　　　C. 小囊泡

D. 运输小泡　　　　　　　　　　　E. 小泡

10. 下列选项不是滑面内质网的功能是（　　　　）。

　　A. 脂质和胆固醇类的合成　　　　　　　B. 糖原代谢

　　C. 解毒作用　　　　　　　　　　　　　D. 肌肉收缩

　　E. 肽类激素的活化

11. 细胞内含 RER 丰富的细胞是（　　　　）。

　　A. 成熟红细胞　　　　　　B. 胚胎细胞　　　　　　C. 培养细胞

　　D. 癌细胞　　　　　　　　E. 胰腺外分泌细胞

12. 下列细胞中 SER 丰富的是（　　　　）。

　　A. 肝细胞　　　　　　　　B. 胰腺外分泌细胞　　　C. 杯状细胞

　　D. 横纹肌细胞　　　　　　E. 浆细胞

13. 内质网的标志酶是（　　　　）。

　　A. 胰蛋白酶　　　　　　　B. 糖基转移酶　　　　　C. 氧化酶

　　D. 葡萄糖 –6– 磷酸酶　　　E. 过氧化氢酶

14. 高尔基复合体的特征性酶是（　　　　）。

　　A. 磺基 – 糖基转移酶　　　B. 氧化酶　　　　　　　C. 酸性水解酶

　　D. 糖基转移酶　　　　　　E. 甘露糖苷酶

15. 小肠上皮细胞的杯状细胞核顶部有丰富的（　　　　）。

　　A. 粗面内质网　　　　　　B. 滑面内质网　　　　　C. 高尔基复合体

　　D. 溶酶体　　　　　　　　E. 线粒体

16. 蛋白质涉及 N– 连接寡糖的糖基化作用发生在（　　　　）。

　　A. 粗面内质网膜上　　　　　　　　　　B. 粗面内质网腔内

　　C. 滑面内质网膜上　　　　　　　　　　D. 滑面内质网腔内

　　E. 高尔基复合体的中间膜囊

17. 自噬作用是指溶酶体消化水解（　　　　）。

　　A. 吞饮体　　　　　　　　B. 吞噬体　　　　　　　C. 残余小体

　　D. 自噬体　　　　　　　　E. 异噬体

18. 溶酶体所含的酶是（　　　　）。

　　A. 氧化酶　　　　　　　　B. ATP 合成酶　　　　　C. 糖酵解酶

　　D. 酸性水解酶　　　　　　E. 过氧化氢酶

19. 溶酶体酶进行水解作用最适 pH 是（　　　　）。

　　A. 3.5~5.5　　　　　　　　B. 6　　　　　　　　　　C. 7

　　D. 8　　　　　　　　　　　E. 8~9

20. 过氧化物酶体的主要功能是（　　　　）。

　　A. 合成分泌蛋白　　　　　B. 合成基础蛋白　　　　C. 参与过氧化物的形成与分解

　　D. 胞内消化作用　　　　　E. 合成 ATP

（二）多选题（X 型题）

1. 参与膜流的主要细胞器有（　　　　）。

　　A. 内质网　　　　　　　　B. 线粒体　　　　　　　C. 细胞膜

　　D. 高尔基复合体　　　　　E. 细胞核

2. 粗面内质网具有下述功能（　　　）。
    A. 分泌蛋白质的合成　　　　　　　　B. 蛋白质的折叠、装配
    C. 蛋白质的糖基化　　　　　　　　　D. 蛋白质的运输
    E. 糖原的合成和分解
3. 参与蛋白质糖基化形成糖蛋白的细胞器有（　　　）。
    A. 粗面内质网　　　　　B. 滑面内质网　　　　　C. 高尔基复合体
    D. 溶酶体　　　　　　　E. 过氧化物酶体
4. 根据信号假说，附着核糖体与内质网膜结合过程中需要的有关成分是（　　　）。
    A. 信号肽　　　　　　　　　　　　　B. 信号识别颗粒
    C. 信号识别颗粒受体　　　　　　　　D. 核糖体结合蛋白
    E. 分离因子
5. 对粗面内质网合成的蛋白质进行折叠、装配和转运的分子伴侣有（　　　）。
    A. 分泌蛋白　　　　　　　　　　　　B. 葡萄糖调节蛋白（Grp94）
    C. 蛋白二硫键异构酶（PDI）　　　　　D. 结合蛋白（Bip）
    E. 酸性水解酶
6. 滑面内质网分布发达的细胞有（　　　）。
    A. 浆细胞　　　　　　　　　　　　　B. 肾上腺皮质细胞
    C. 睾丸间质细胞　　　　　　　　　　D. 卵巢黄体细胞
    E. 横纹肌细胞
7. 高尔基复合体的主要功能有（　　　）。
    A. 在细胞分泌活动中的作用　　　　　B. 对蛋白质的修饰加工作用
    C. 蛋白质的分选和运输　　　　　　　D. 参与膜的转化
    E. 解毒作用
8. 溶酶体内主要含有的酸性水解酶类是（　　　）。
    A. 核酸酶类　　　　　B. 蛋白酶类　　　　　C. 糖苷酶类
    D. 脂肪酶类　　　　　E. 磷酸酶类
9. 由于溶酶体膜破裂而引起的疾病有（　　　）。
    A. Ⅱ型糖原贮积病　　　B. 类风湿性关节炎　　　C. 硅沉着病
    D. 黏多糖沉积病　　　　E. 痛风
10. 过氧化物酶体中含有的酶是（　　　）。
    A. L-氨基酸氧化酶　　　　　　　　　B. 过氧化氢酶
    C. L-α-羟基酸氧化酶　　　　　　　　D. 尿酸氧化酶
    E. D-氨基酸氧化酶

三、填空题

1. 内膜系统主要包括_____、_____、_____和_____等细胞器。
2. 内质网是由相互连续的_____、_____和_____结构构成的三维网状膜系统。
3. 根据内质网膜外表面是否有核糖体附着可将内质网分为_____和_____两大类。
4. 高尔基复合体由一层单位膜围成的扁平的泡状复合结构，由_____、_____、_____三部分组成。

5. 在糖蛋白中,糖与蛋白质的连接方式有两种,一种是_____,主要在_____中完成;另一种是_____,主要或全部在_____中完成。

6. 内质网还具有大量的酶,其中_____被视为内质网膜的标志酶。

7. _____被认为是高尔基复合体的标志酶。

8. 根据溶酶体的形成过程和功能状态,分为_____和_____两大类。后者根据其作用底物的来源和性质不同,分为_____和_____。

9. 常见的残余小体有_____、_____、_____和髓样结构等。

10. 过氧化物酶体中含有_____多种酶,可分为_____和_____两类。_____可视为过氧化物酶体的标志酶。

四、问答题

1. 内质网分为几类? 在形态结构和生理功能上各有何特点?

2. 粗面内质网的糖基化过程?

3. 高尔基复合体的形态结构及其主要功能?

4. 溶酶体的类型? 内体性溶酶体的形成过程?

5. 溶酶体的结构和功能?

6. 过氧化物酶体的结构和功能?

【参考答案】

一、名词解释

1. 内膜系统 是指位于细胞质内,在结构、功能乃至发生上具有一定联系的膜性结构的总称。其主要包括:内质网、高尔基复合体、溶酶体、过氧化物酶体、核膜及各种转运小泡等功能结构。

2. 信号肽 蛋白质合成中最先被翻译的一段氨基酸序列,由信号密码所编码,通常由18~30个疏水氨基酸组成。

3. 内体性溶酶体 由高尔基复合体成熟面芽生的运输小泡和内体合并而成。

4. 吞噬性溶酶体 由内体性溶酶体和将被水解的各种吞噬底物融合而成。吞噬性溶酶体包括自噬性溶酶体和异噬性溶酶体。

5. 残余小体 吞噬性溶酶体到达终末阶段,由于水解酶的活性降低或消失,还残留一些未被消化和分解的物质,形成在电镜下见到电子密度高、色调较深的残余物。

二、选择题

(一)单选题(A1型题)

1. B 2. E 3. A 4. B 5. D 6. D 7. E 8. B 9. B 10. E 11. E 12. D 13. D 14. D 15. C 16. B 17. D 18. D 19. A 20. C

(二)多选题(X型题)

1. ACD 2. ABCD 3. AC 4. ABCD 5. BCD 6. BCDE 7. ABCD 8. ABCDE 9. BCE 10. ABCDE

三、填空题

1. 内质网;高尔基复合体;溶酶体;过氧化物酶体
2. 管状;泡状;扁囊状
3. 粗面内质网;滑面内质网
4. 扁平囊;小囊泡;大囊泡
5. N–连接糖蛋白;粗面内质网;O–连接糖蛋白;高尔基复合体
6. 葡萄糖–6–磷酸酶
7. 糖基转移酶
8. 内体性溶酶体;吞噬性溶酶体;自噬性溶酶体;异噬性溶酶体
9. 多泡体;含铁小体;脂褐质
10. 40;氧化酶;过氧化氢酶;过氧化氢酶

四、问答题

1. 根据内质网膜外表面是否有核糖体附着,可将内质网分为粗面内质网和滑面内质网两大类:

（1）粗面内质网（RER）结构:电镜下 RER 多呈囊状或扁平囊状,排列较为整齐,少数是小管和小泡,因在其外表面附着大量的颗粒状核糖体,表面粗糙而得名。

功能:粗面内质网是内质网和核糖体共同形成的一种功能性结构复合体,主要功能是合成分泌蛋白、膜蛋白和驻留蛋白,参与蛋白质的糖基化,参与蛋白质的折叠,装配及运输等。

（2）滑面内质网（SER）结构:电镜下 SER 多呈分支小管或圆形小泡构成细网,表面没有核糖体附着,因无颗粒而光滑。

功能:主要是参与合成膜脂、脂肪和类固醇激素,糖原的代谢,解毒作用及肌肉收缩等。

2. 粗面内质网的糖基化过程   RER 合成的蛋白质大部分需要糖基化,可伴随着多肽链的合成同时进行。寡聚糖由 N–乙酰葡萄糖胺、甘露糖和葡萄糖组成,当寡聚糖在细胞质基质中合成后,与位于粗面内质网膜上的多萜醇分子的焦磷酸键连接而被活化,并从胞质面翻转到内质网腔面。在内质网腔面膜上的糖基转移酶作用下,被活化的寡聚糖与进入内质网腔的多肽链上的天冬酰胺残基侧链上的氨基基团连接,形成 N–连接糖蛋白。

3. 高尔基复合体的结构   在电子显微镜下观察,高尔基复合体是由一层单位膜围成的扁平的泡状复合结构,由扁平囊、小囊泡、大囊泡三部分组成。

（1）扁平囊:是高尔基复合体的主体部分,一般含 3~10 个扁平囊。扁平囊截面呈弓形,中间膜腔较窄,边缘部分较宽大。

（2）小囊泡:是由附近粗面内质网出芽、脱落形成的,内携有粗面内质网合成的蛋白质,其电子密度较低。通过与高尔基复合体形成面扁平囊的膜融合将蛋白质运送到囊腔中,并不断补充扁平囊的膜结构。

（3）大囊泡:是高尔基复合体的成熟面扁平囊的局部或边缘膨出、脱落而成。它带有来自高尔基复合体的分泌物,并有浓缩分泌物的作用,所以又称分泌小泡,其内容物电子密度高。大囊泡的形成,不仅运输了扁平囊内加工、修饰的蛋白质等大分子物质,而且使扁平囊膜不断消耗而更新。

高尔基复合体的主要功能有：

（1）在细胞分泌活动中的作用：粗面内质网的核糖体上合成蛋白质，经小泡运输到高尔基复合体进一步加工修饰后，浓缩成分泌泡，如肽类激素、细胞因子、抗体、消化酶、细胞外基质等，最后通过出胞作用排出细胞。

（2）对蛋白质的修饰加工作用：主要是对内质网合成分泌蛋白的糖基化（如溶酶体蛋白酶的修饰加工）及对前体蛋白质的水解作用（如人胰岛素）等。

（3）蛋白质的分选和运输：粗面内质网合成的蛋白质（分泌蛋白、膜蛋白和驻留蛋白）经高尔基复合体修饰加工后，经高尔基反面网分选后被送往细胞的各个部位。

（4）参与膜的转化：由内质网芽生的运输小泡与高尔基复合体顺面融合，运输小泡的膜成为高尔基复合体扁平囊的膜，而高尔基复合体的反面不断形成分泌泡向细胞膜移动，最后与细胞膜融合，分泌泡膜成为细胞膜的一部分，膜的这种转移过程称为膜流。膜流不仅在物质运输上起重要作用，而且还使膜性细胞器的膜成分不断得到补充和更新。

4. 溶酶体的类型　根据溶酶体的形成过程和功能状态，分为内体性溶酶体和吞噬性溶酶体。吞噬性溶酶体又可根据其作用底物的来源和性质不同，分为自噬性溶酶体和异噬性溶酶体。

内体性溶酶体的形成过程　内体性溶酶体是由高尔基复合体成熟面芽生的运输小泡和内体合并而成。具体过程如下：

（1）酶蛋白在内质网内合成和糖基化：溶酶体酶蛋白在粗面内质网膜上的多聚核糖体上合成，酶蛋白前体进入内质网腔，经过加工、修饰，形成 N- 连接糖蛋白；再被内质网以出芽的形式包裹形成膜性小泡，转运到高尔基复合体的形成面。

（2）酶蛋白在高尔基复合体内磷酸化和糖基化：①在高尔基复合体形成面膜囊内，溶酶体酶蛋白寡糖链上的甘露糖残基在磷酸转移酶的催化下，可被磷酸化为 M-6-P，M-6-P 被认为是溶酶体水解酶分选的重要识别信号；②在高尔基复合体中间膜囊，N- 连接的溶酶体糖蛋白继续被糖基化，从顺面膜囊到反面膜囊依次切去甘露糖、加 N- 乙酰葡萄糖胺、半乳糖、唾液酸；③在高尔基复合体成熟面上有 M-6-P 识别的受体，能与 M-6-P 标记的溶酶体水解酶前体识别、结合，然后局部出芽形成表面覆有网格蛋白的有被小泡。

（3）在细胞质基质中形成溶酶体：①有被小泡很快脱去网格蛋白外被形成表面光滑的无被小泡；②无被小泡与内体融合，在其膜上质子泵的作用下，将胞质中的 H^+ 泵入使其腔内 pH 降到 6.0 以下；③在酸性条件下 M-6-P 标记的溶酶体水解酶前体与识别 M-6-P 的受体分离，并通过去磷酸化而形成内体性溶酶体（即初级溶酶体），同时膜上 M-6-P 受体则以出芽形式形成运输小泡返回到高尔基体成熟面。

5. 溶酶体是由一层单位膜包围而成的球形或卵圆形的囊泡状细胞器，大小不一，多数直径在 0.2~0.8μm 之间。溶酶体内含 60 多种高浓度的酸性水解酶，水解酶最适的 pH 为 5.0。酸性磷酸酶普遍存在于各种溶酶体中，是溶酶体的标志酶。

溶酶体功能：①对细胞内物质的消化：溶酶体能消化分解多种外源性和内源性物质，在各种水解酶的作用下，可被分解为简单的可溶性小分子物质，直接穿过溶酶体膜扩散到细胞质基质，重新参与细胞的物质代谢；②对细胞外物质的消化：如精、卵细胞的受精过程；③参与器官、组织退化与更新：如两栖类蝌蚪变态时，尾部的消失；④参与激素的分泌：如甲状腺激素的形成。

6. 过氧化物酶体是一种具有异质性的细胞器，是由一层单位膜包裹的圆形或椭圆形小体,直径为 0.2~1.5μm,通常为 0.5μm。过氧化物酶体中含有 40 多种酶,可分为氧化酶和过氧化氢酶两类。其中过氧化氢酶可视为过氧化物酶体的标志酶。

过氧化物酶体功能:①过氧化物酶体内含多种氧化酶及过氧化氢酶,氧化酶能催化多种物质生成 H_2O_2,而其中的过氧化氢酶能将 H_2O_2 分解成 H_2O 和 O_2。因此过氧化物酶体对细胞有保护作用;②过氧化物酶体还可能参与核酸、脂肪和糖的代谢。

（王　英）

【内容要点】

一、核糖体的组成与结构

核糖体是细胞（原核细胞与真核细胞）中普遍存在的一种非膜性细胞器,除哺乳动物成熟红细胞外,核糖体几乎存在于所有的细胞内,即使是最简单的支原体细胞也至少含有上百个核糖体。此外,核糖体也存在于线粒体和叶绿体中。

核糖体为直径约 15~25nm 的致密小颗粒,常常分布在细胞内蛋白质合成旺盛的区域。核糖体的主要成分是蛋白质和 rRNA。细胞内含有两种基本类型的核糖体:一种是 70S 的核糖体(原核细胞),另一种是 80S 核糖体(真核细胞),二者均由大小不同的两个亚单位构成,分别称为大亚基和小亚基。核糖体大、小亚基在细胞内常常游离于细胞质基质中,只有当小亚基与 mRNA 结合后,大亚基才与小亚基结合形成完整的核糖体。肽链合成终止后,大、小亚基解离,又游离于细胞质基质中。核糖体上存在多个与多肽链形成密切相关的功能活性部位。

二、核糖体的功能

核糖体是蛋白质合成的机器,在蛋白质合成的时候,多个核糖体结合到一个 mRNA 上成串排列,形成蛋白质合成的功能单位,称多聚核糖体。在核糖体上进行的蛋白质合成过程可分为三个阶段,即起始、延伸和终止。一般认为,游离核糖体和附着核糖体所合成的蛋白质种类不同。游离核糖体主要合成细胞内的某些基础性蛋白(可溶性蛋白质),而附着核糖体主要合成细胞的分泌蛋白和膜蛋白。

【难点解析】

一、核糖体上与多肽链形成密切相关的功能活性部位

核糖体上存在多个与多肽链形成密切相关的功能活性部位,主要有:①供体部位,也称 P 位,主要位于小亚基,是肽酰–tRNA 结合的位置;②受体部位,也称 A 位,主要位于大亚基上,是氨酰–tRNA 结合的部位;③转肽酶结合部位,位于大亚基上,其作用是在肽链合成过程中催化氨基酸间的缩合反应而形成肽链;④GTP 酶活性部位,GTP 酶又称转位酶,能分解 GTP 分子,并将肽酰–tRNA 由 A 位转到 P 位。

二、核糖体的类型、结构与功能

核糖体的成分由 rRNA 和蛋白质组成,细胞内含有两种基本类型的核糖体:一种是 70S 的核糖体,主要存在于原核细胞内;另一种是 80S 核糖体,存在于真核细胞内。70S 和 80S 核糖体均由大小不同的两个亚单位构成,分别称为大亚基和小亚基。核糖体大、小亚基在细胞内常常游离于细胞质基质中,只有当小亚基与 mRNA 结合后,大亚基才与小亚基结合形成完整的核糖体。每个核糖体上的多种蛋白质通过与 RNA 的相互识别自动装配在骨架上,构成一个严格有序的超分子结构。

核糖体是蛋白质合成的场所。在核糖体上进行的蛋白质合成过程可分为三个阶段,即起始、延伸和终止。

【练习题】

一、名词解释

1. 转肽酶结合部位
2. 多聚核糖体
3. 核糖体
4. 游离核糖体
5. 附着核糖体
6. A 位

二、选择题

单选题(A1 型题)

1. 真核细胞中核糖体的大、小亚基分为 60S 和 40S,其完整的核糖体颗粒为(　　　)
   A. 100S　　　　　　　B. 80S　　　　　　　C. 70S
   D. 120S　　　　　　　E. 90S

2. 蛋白质合成的过程中,在核糖体上肽链形成的部位是(　　　)
   A. 受体部位　　　　　B. GTP 酶活性部位　　　C. 小亚基部位
   D. 供体部位　　　　　E. 肽基转移酶部位

3. 游离于细胞质中的核糖体主要合成(　　　)
   A. 分泌性蛋白质　　　　　　　　B. 细胞骨架蛋白
   C. 基础性蛋白(可溶性蛋白)　　D. 溶酶体的酶
   E. 细胞外基质蛋白

4. 真核细胞的核糖体小亚基中所含 rRNA 的大小为(　　　)
   A. 28S　　　　　　　B. 16S　　　　　　　C. 5S
   D. 23S　　　　　　　E. 18S

5. 核糖体的功能可以表述为(　　　)
   A. 细胞的动力工厂　　　　　　　B. 蛋白质合成的装配机
   C. 细胞的骨架系统　　　　　　　D. 细胞内的物质运输机

E. 一种功能性细胞器

6. 原核细胞和真核细胞都有的细胞器是（　　　）

A. 中心体　　　　　　　　B. 核糖体　　　　　　　　C. 线粒体

D. 内质网　　　　　　　　E. 高尔基复合体

7. 合成分泌蛋白的细胞器是（　　　）

A. 内质网,溶酶体　　　　　　　　　　B. 附着核糖体,滑面内质网

C. 附着核糖体,粗面内质网　　　　　　D. 线粒体,粗面内质网

E. 高尔基复合体,粗面内质网

8. 一条 mRNA 分子可以结合核糖体的数目为（　　　）

A. 只有 1 个　　　　　　　B. 只有 2 个　　　　　　　C. 仅 3 个

D. 许多个　　　　　　　　E. 没有

9. 原核细胞一个完整的核糖体是（　　　）

A. 100S　　　　　　　　　B. 70S　　　　　　　　　　C. 80S

D. 90S　　　　　　　　　　E. 60S

10. 核糖体附着于（　　　）

A. 细胞膜　　　　　　　　B. 线粒体　　　　　　　　C. 高尔基复合体

D. 内质网　　　　　　　　E. 溶酶体

三、填空题

1. 核糖体是_____合成场所,其上有_____、_____、_____、_____功能活性部位。

2. 核糖体的主要成分是_____和_____。

3. 核糖体在结构上是由_____和_____组成,根据其在细胞质中的位置可以分为_____和_____。

4. 肽链的合成包括_____、_____、_____三个阶段。

5. 真核细胞中核糖体内含有 4 种 rRNA,它们是_____、_____、_____、_____。

四、问答题

1. 核糖体的形态结构是怎样的? 它怎样与其功能相适应?

2. 原核细胞的核糖体与真核细胞的核糖体有什么区别?

3. 蛋白质的合成与细胞中哪些超微结构有关?

4. 细胞中核糖体有哪几种存在形式? 它们所合成的蛋白质在功能上有什么不同?

【参考答案】

一、名词解释

1. 转肽酶结合部位　位于大亚基上,其作用是在肽链合成过程中催化氨基酸间的缩合反应而形成肽链。

2. 多聚核糖体　在蛋白质合成时核糖体呈单体状态,并由一条 mRNA 链将多个核糖体串

联在一起,组成合成蛋白质的功能团,称为多聚核糖体。

3. 核糖体　由 rRNA 和蛋白质组成的复合物,由大亚基、小亚基构成,为蛋白质生物合成的场所,并作为装配机参与蛋白质的合成。

4. 游离核糖体　游离于细胞质中的核糖体称为游离核糖体,主要负责细胞中的可溶性蛋白质的合成。

5. 附着核糖体　附着于内质网膜上的核糖体称为附着核糖体,主要负责细胞中的分泌性蛋白质、膜蛋白、溶酶体酶的合成。

6. A 位　也称受体部位,主要位于大亚基上,是氨酰 –tRNA 结合的部位。

二、选择题

单选题(A1 型题)

1. B　2. E　3. C　4. E　5. B　6. B　7. C　8. D　9. B　10. D

三、填空题

1. 蛋白质;供体部位;受体部位;转肽酶结合部位;GTP 酶活性部位
2. rRNA;蛋白质
3. 大亚基;小亚基;游离核糖体;附着核糖体
4. 起始;延伸;终止
5. 28S rRNA;5.8S rRNA;5S rRNA;18S rRNA

四、问答题

1. 核糖体由大、小亚基构成。当大、小亚基结合时,两个凹陷部位相对应,在结合面上形成一个空隙,可允许一条 mRNA 分子通过。核糖体不仅把蛋白质合成所需要的氨基酸安排在恰当的位置上,而且还提供催化多肽链形成过程所需的酶。核糖体上存在多个与多肽链形成密切相关的功能活性部位,主要有:①供体部位,也称 P 位,主要位于小亚基,是肽酰 –tRNA 结合的位置;②受体部位,也称 A 位,主要位于大亚基上,是氨酰 –tRNA 结合的部位;③转肽酶结合部位,位于大亚基上,其作用是在肽链合成过程中催化氨基酸间的缩合反应而形成肽链;④GTP 酶活性部位,GTP 酶又称转位酶,能分解 GTP 分子,并将肽酰 –tRNA 由 A 位转到 P 位。

2. 原核细胞的核糖体与真核细胞的核糖体在化学组成成分上是一样的,即都是由 rRNA 和蛋白质组成。但是二者在 rRNA 分子的数目、大小,蛋白质的种类上是不同的,详细见表 5-1。

3. 蛋白质的合成与细胞中多种超微结构有关。细胞核是细胞内遗传物质的贮存、复制及转录的主要场所;核糖体是蛋白质合成的场所和装配机器;内质网膜为核糖体附着提供了支架结构,一些蛋白质合成后,需要进入内质网进行糖基化,形成糖蛋白,然后转运至相应的部位;高尔基复合体能对一些蛋白质进行加工和修饰,使之成为具有特定功能的成熟蛋白质,还要对合成的蛋白质进行分选和运输。

表 5-1 原核细胞的核糖体与真核细胞的核糖体

来源		相对分子质量	rRNA		蛋白质种类
			大小	长度（bp）	
原核细胞	70S 核糖体	2 700 000			55
	50S 亚基	1 800 000	23S	3000	34
			5S	120	
	30S 亚基	900 000	16S	1500	21
真核细胞	80S 核糖体	4 500 000			82
	60S 亚基	3 000 000	28S	5000	49
			5.8S	160	
			5S	120	
	40S 亚基	1 500 000	18S	2000	33

　　4. 根据核糖体在细胞中所存在的形式，可分为附着糖体和游离核糖体。附着核糖体是附着在内质网膜或核膜表面的核糖体，以其大亚基与膜接触。游离核糖体则以游离状态分布在细胞质基质中。两者合成的蛋白质在功能上有所不同：附着核糖体主要是合成分泌蛋白（例如免疫球蛋白、蛋白类激素等）、膜蛋白、溶酶体蛋白等；游离核糖体主要合成可溶性蛋白，例如细胞内代谢所需要的酶、组蛋白、肌球蛋白及核糖体蛋白等。

第六章　线　粒　体

【内容要点】

一、线粒体形态结构及化学组成

1. 线粒体的形态、数量和分布　线粒体是普遍存在于真核细胞中的一种重要细胞器,光镜下线粒体形态为粒状、杆状、线状等。在新陈代谢旺盛的细胞中线粒体数目多,反之较少。如人和哺乳动物的心肌细胞、肝细胞、骨骼肌细胞、胃壁细胞中线粒体较多;在精子、淋巴细胞、上皮细胞中线粒体较少,而成熟的红细胞没有线粒体。

2. 线粒体的超微结构　电镜下线粒体是由内外两层单位膜套叠而成的封闭性囊状结构,包括外膜、内膜、基粒、膜间腔、基质腔。内膜向内室折叠形成嵴。内膜(包括嵴)的基质面上规则排列着带柄的球状小体称为基粒,可分为头部、柄部和基片三部分。基粒能催化 ADP 磷酸化形成 ATP,又称 ATP 酶复合体,是耦联磷酸化的关键装置。

3. 线粒体的化学组成　主要是蛋白质和脂类。线粒体的蛋白质分为两类:一类是可溶性蛋白,包括分布在基质中的酶和膜的外周蛋白;另一类是不溶性蛋白,包括膜镶嵌蛋白或膜结构酶蛋白。线粒体的脂类 90% 是磷脂。此外,线粒体还含有环状 DNA。

线粒体中已分离出 120 多种酶,是细胞中含酶最多的细胞器。外膜中含有合成线粒体脂类的酶类;内膜中含有执行呼吸链氧化反应的酶系和 ATP 合成的酶系;基质中含有参与三羧酸循环、丙酮酸与脂肪酸氧化的酶系、蛋白质与核酸合成酶等多种酶类。有些酶可作为线粒体不同部位的标志酶,如外、内膜的标志酶分别是单胺氧化酶和细胞色素氧化酶,膜间腔、基质的标志酶分别是腺苷酸激酶和苹果酸脱氢酶。

二、线粒体的半自主性

线粒体是人细胞中除细胞核之外唯一含有遗传物质 DNA 的细胞器。线粒体的基因组只有一条裸露的双链环状 DNA 分子,称为线粒体 DNA(mtDNA)。mtDNA 由 16 569 个碱基对(bp)组成,共含有 37 个基因,包括编码 2 种 rRNA 基因、22 种 tRNA 基因和 13 种蛋白质亚基的基因。mtDNA 能复制、转录和翻译。虽然线粒体有自己的蛋白质翻译系统,表现了一定的自主性,但是线粒体中大多数酶或蛋白质仍由核基因编码,因此线粒体在遗传上是一种半自主性的细胞器。

三、线粒体的功能

线粒体的主要功能是进行氧化磷酸化,合成 ATP,为细胞生命活动提供能量,它是糖类、脂肪和蛋白质最终氧化释能的场所。细胞氧化是指细胞依靠酶的催化,将细胞内各种供能物质彻底氧化并释放出能量的过程。以葡萄糖氧化为例,从糖酵解到 ATP 的形成是一个复杂的过程,葡萄糖经过糖酵解、三羧酸循环、电子传递和氧化磷酸化,最终被彻底氧化分解为 CO_2 和 H_2O,释放能量,并促进 ATP 生成。

四、线粒体与疾病

线粒体是一种结构和功能复杂而敏感多变的细胞器。在细胞内、外环境因素改变的情况下,可引起线粒体结构、数量及代谢反应等均发生明显的变化。因此线粒体是细胞病变或损伤时最敏感的指标之一,是分子细胞病理学检查的重要依据。

线粒体中存在着 DNA(mtDNA),线粒体有独立的蛋白质合成体系,能合成自身所需的少数蛋白质。但由于 mtDNA 是裸露的,无组蛋白的保护,基因基本无内含子,排列紧密,且无 DNA 损伤修复系统,所以 mtDNA 易受各类诱变因素的损伤而发生突变。mtDNA 的突变率比核 DNA 高 10~20 倍。线粒体 DNA 异常(如缺失、重复、突变等)所致的疾病称线粒体遗传病。目前临床上已发现人类有 100 多种疾病与 mtDNA 的突变有关。

【难点解析】

一、ATP 酶复合体(基粒)

线粒体内膜和嵴膜的基质面上规则排列着带柄的球状小体,称为基粒或 ATP 酶复合体。

1. 基粒的结构　基粒与内膜表面垂直,可分为头部、柄部和基片三部分。头部与柄部相连凸出在内膜表面,柄部与嵌入内膜的基片相连。

头部的成分为耦联因子 F_1,含有可溶性 ATP 酶,是由 5 种亚基组成的 $\alpha_3\beta_3\gamma\delta\epsilon$ 的多聚体,可催化 ATP 的合成。此外,头部还含有一个热稳定的小分子蛋白,称为 F_1 抑制蛋白,它对 ATP 酶复合体的活力具有调节作用,F_1 抑制蛋白与 F_1 结合时抑制 ATP 的合成。

柄部是一种对寡霉素敏感的蛋白(OSCP),能与寡霉素特异结合并使寡霉素的解耦联作用得以发挥,从而抑制 ATP 合成。

基片又称耦联因子 F_0,是由 3 种亚基组成的疏水性蛋白质复合体(ab_2c_{12})。F_0 镶嵌于内膜的脂双层中,不仅起连接 F_1 与内膜的作用,而且还是质子(H^+)流向 F_1 的穿膜通道。

2. 基粒的功能　基粒能催化 ADP 磷酸化形成 ATP,是耦联磷酸化的关键装置。当 H^+ 通过 ATP 酶复合体中的质子通道进入基质时,ATP 酶(耦联因子 F_1)利用线粒体内膜内外 H^+ 的浓度差贮存的能量催化 ADP 与 Pi 合成 ATP,使释放的能量以高能磷酸键的形式储存在 ATP 中。

二、线粒体的半自主性

线粒体的基因组(mtDNA)是一条裸露的双链环状 DNA 分子。mtDNA 能进行自我复制、转录和翻译。虽然线粒体有自己的蛋白质翻译系统,主要编码线粒体的 tRNA、rRNA 和少于 10% 的线粒体蛋白质(如电子传递链酶复合体的亚基、ATP 酶亚单位等),表现了一定的自主性,但是线粒体在转录和翻译过程中对核基因有很大的依赖性,受到核基因的控制。线粒体中大多数酶或蛋白质(包括核糖体蛋白质、DNA 聚合酶、RNA 聚合酶和蛋白质合成因子等)仍由核基因编码,在细胞质核糖体中合成后转运到线粒体中,参与线粒体蛋白质的合成。此外,线粒体的生长和增殖受核基因组和自身的基因组两套遗传系统的控制,所以线粒体是一个半自主性细胞器。

三、线粒体的功能

线粒体是细胞生物氧化和能量转换的主要场所,细胞生命活动所需能量的 80% 是线粒体提供的,所以有人将线粒体比喻为细胞的"动力工厂"。蛋白质、糖和脂类等大分子物质先要经过消化,分解成氨基酸、单糖、脂肪酸和甘油等小分子进入细胞后,再参与细胞的氧化过程。

细胞氧化的基本过程可分为三个步骤,即糖酵解、三羧酸循环、电子传递和氧化磷酸化。以葡萄糖氧化为例,首先葡萄糖进行糖酵解,在细胞质中经降解成丙酮酸进入线粒体基质后,进一步形成乙酰辅酶 A(乙酰 CoA),参与到三羧酸循环中。1 分子葡萄糖经糖酵解、丙酮酸脱氢和三羧酸循环共产生 12 对氢原子,氢原子首先离解为质子(H^+)和电子(e^-),其电子沿着一系列的电子载体依次传递到 O_2,使其活化成 O^{2-},质子和离子型氧结合生成水。能量水平较高的电子,经传递降到能量较低水平,所释放的能量以高能磷酸键形式,通过 ADP 磷酸化,生成含高能磷酸键的 ATP。1 分子葡萄糖在细胞内彻底氧化成 CO_2 和 H_2O,净生成 32 个 ATP。

【练习题】

一、名词解释

1. 基粒
2. 细胞氧化
3. 氧化磷酸化
4. 线粒体 DNA

二、选择题

(一)单选题(A1 型题)

1. 细胞生命活动所需能量的 80% 是来自(　　)。
   A. 细胞核　　　　　　　　B. 线粒体　　　　　　　　C. 内质网
   D. 核糖体　　　　　　　　E. 中心体
2. 电镜下由内外两层单位膜包围而成的封闭性囊状结构是(　　)。
   A. 高尔基复合体　　　　　B. 溶酶体　　　　　　　　C. 线粒体
   D. 过氧化物酶体　　　　　E. 内质网
3. 真核细胞的核外 DNA 存在于(　　)。
   A. 内质网　　　　　　　　B. 线粒体　　　　　　　　C. 高尔基复合体
   D. 核糖体　　　　　　　　E. 溶酶体
4. 关于线粒体的结构哪一种说法是不正确的(　　)。
   A. 是由单层膜包围而成的细胞器　　　B. 是由双层单位膜封闭的细胞器
   C. 线粒体嵴上有许多基粒　　　　　　D. 是含 DNA 的细胞器

E. 线粒体内膜向内室折叠形成嵴

5. 线粒体中三羧酸循环反应进行的场所是（　　　）。

    A. 内膜　　　　　　　　　　B. 膜间腔　　　　　　　　　C. 嵴膜

    D. 基粒　　　　　　　　　　E. 基质

6. 对寡霉素敏感的蛋白存在于（　　　）。

    A. 基粒头部　　　　　　　　B. 基粒柄部　　　　　　　　C. 基粒基部

    D. 膜间腔　　　　　　　　　E. 嵴间腔

7. 线粒体膜间腔的标志酶是（　　　）。

    A. 细胞色素氧化酶　　　　　B. ATP 酶　　　　　　　　　C. 单胺氧化酶

    D. 腺苷酸激酶　　　　　　　E. 腺苷酸环化酶

8. 线粒体内膜上的标志酶是（　　　）。

    A. 单胺氧化酶　　　　　　　B. 细胞色素氧化酶　　　　　C. 糖基转移酶

    D. 腺苷酸激酶　　　　　　　E. 磷酸二酯酶

9. 下列细胞中含线粒体最多的是（　　　）。

    A. 上皮细胞　　　　　　　　B. 心肌细胞　　　　　　　　C. 成熟红细胞

    D. 肝细胞　　　　　　　　　E. 成纤维细胞

10. 鼠肝细胞线粒体蛋白含量最高的部位是（　　　）。

    A. 外膜　　　　　　　　　　B. 内膜　　　　　　　　　　C. 膜间腔

    D. 基粒　　　　　　　　　　E. 基质腔

11. 糖酵解发生在（　　　）。

    A. 线粒体外膜　　　　　　　B. 线粒体内膜　　　　　　　C. 线粒体基质腔

    D. 细胞膜　　　　　　　　　E. 细胞质基质

12. 糖的有氧氧化过程中由丙酮酸 $\rightarrow CO_2 + H_2O$ 是发生在（　　　）。

    A. 细胞核　　　　　　　　　B. 内质网　　　　　　　　　C. 溶酶体

    D. 细胞质基质　　　　　　　E. 线粒体

13. 细胞内线粒体在氧化磷酸化过程中生成（　　　）。

    A. GTP　　　　　　　　　　B. cGMP　　　　　　　　　　C. ATP

    D. cAMP　　　　　　　　　　E. AMP

14. 线粒体中 ADP $\rightarrow$ ATP 发生在（　　　）。

    A. 外膜　　　　　　　　　　B. 内膜　　　　　　　　　　C. 膜间腔

    D. 基粒　　　　　　　　　　E. 嵴膜

15. 下列哪个选项能说明线粒体是半自主性细胞器（　　　）。

    A. 线粒体含有核糖体

    B. 线粒体 DNA（mtDNA）能独立复制

    C. mtDNA 复制与细胞核 DNA 复制时间不是同步的，而是贯穿于整个细胞周期

    D. mtDNA 与细胞核 DNA 的遗传密码有所不同

    E. 在遗传上由线粒体基因组和细胞核基因组共同控制

16. 关于线粒体的主要功能叙述最全面的是（　　　）。

    A. 由丙酮酸生成乙酰辅酶 A　　　　　　　　　　　　　　　B. 进行三羧酸循环

    C. 进行电子传递和氧化磷酸化形成 ATP　　　　　　　　　D. A+B

E. A+B+C

17. 解释氧化磷酸化的各种学说中,被普遍接受的是(　　　)。

A. 化学偶联假说　　　　　B. 化学渗透假说　　　　　C. 信号假说

D. 变构假说　　　　　E. 碰撞假说

(二)多选题(X型题)

1. 线粒体基质中,含有以下哪些成分(　　　)

A. 蛋白质　　　　　B. 蛋白质合成酶系　　　　　C. DNA

D. 核糖体　　　　　E. 基质颗粒

2. 线粒体的内、外膜上的成分不同,外膜的化学成分比内膜含量高的是(　　　)

A. 细胞色素氧化酶　　　　　B. 磷脂酰肌醇　　　　　C. 心磷脂

D. 胆固醇　　　　　E. ATP 合成酶系

3. 线粒体中完成的化学反应包括(　　　)

A. 由丙酮酸生成乙酰辅酶 A　　　　　B. 电子传递和氧化磷酸化

C. 由葡萄糖生成丙酮酸　　　　　D. 三羧酸循环

E. 由 ADP 磷酸化形成 ATP

4. 葡萄糖的有氧氧化过程包括(　　　)

A. 糖酵解　　　　　B. 丙酮酸形成乙酰辅酶 A

C. 三羧酸循环　　　　　D. 电子传递

E. 氧化磷酸化释放能量合成 ATP

5. 真核细胞中含有遗传物质的细胞器是(　　　)

A. 内质网　　　　　B. 高尔基复合体　　　　　C. 线粒体

D. 核糖体　　　　　E. 细胞核

6. 下列关于线粒体的特征描述正确的是(　　　)

A. 光镜下可见线粒体呈线状、粒状、杆状

B. 电镜下可见由双层单位膜围成

C. 是一个半自主性细胞器

D. 是细胞内提供能量的场所

E. 线粒体含有自己的 DNA、核糖体

三、填空题

1. 在动物细胞中,既含有 DNA 分子,又能产生 ATP 的细胞器是_____。

2. 线粒体内膜的基质面上规则排列着带柄的球状小体称为_____。它可分为_____、_____和_____三部分。

3. 基粒能催化 ADP 磷酸化形成 ATP,又称_____,是耦联磷酸化的关键装置。

4. 蛋白质、糖和脂类等大分子物质彻底转换成 ATP 的基本过程可分为三个步骤,即_____、_____、_____。

5. 线粒体的内膜和嵴膜上有与细胞氧化作用有关的_____和_____的酶系。

6. 无氧糖酵解在_____中进行;细胞内有氧呼吸中的三羧酸循环是在_____中进行的;呼吸链电子传递在_____上进行;氧化磷酸化使 ADP 变为 ATP 是在_____上进行的。

7. 线粒体的主要功能是进行_____,合成_____,为细胞生命活动提供能量。

8. 1 分子葡萄糖经糖酵解、丙酮酸脱氢和三羧酸循环共产生_____分子。

四、问答题

1. 简述电镜下线粒体的结构。
2. 简述 ATP 酶复合体结构及功能。
3. 简述线粒体的主要功能。
4. 为什么说线粒体是一种半自主性的细胞器?

【参考答案】

一、名词解释

1. 基粒(ATP 酶复合体) 线粒体内膜(包括嵴)的基质面上规则排列着带柄的球状小体,可分为头部(F_1)、柄部(OSCP)和基片(F_0)三部分。

2. 细胞氧化 指依靠酶的催化,将细胞内各种供能物质彻底氧化并释放出能量的过程。由于细胞氧化过程中,要消耗 O_2,并放出 CO_2,所以又称为细胞呼吸。

3. 氧化磷酸化 是伴随着电子从底物到氧的传递所发生的氧化作用,释放的能量通过转换,使 ADP 磷酸化形成 ATP 的过程。

4. 线粒体 DNA(mtDNA) 线粒体基因组只有一条裸露的双链环状 DNA 分子。mtDNA 可以进行自我复制、转录和翻译,编码少数线粒体蛋白质。

二、选择题

(一)单选题(A1 型题)

1. B 2. C 3. B 4. A 5. E 6. B 7. D 8. B 9. B 10. B 11. E 12. E 13. C 14. D 15. E 16. E 17. B

(二)多选题(X 型题)

1. ABCDE 2. BD 3. ABDE 4. ABCDE 5. CE 6. ABCDE

三、填空题

1. 线粒体
2. 基粒;头部;柄部;基片
3. ATP 酶复合体
4. 糖酵解;三羧酸循环;电子传递和氧化磷酸化
5. 电子传递;氧化磷酸化
6. 细胞质基质;线粒体基质;线粒体内膜;基粒
7. 氧化磷酸化;ATP
8. 32 个 ATP

四、问答题

1. 在电镜下,线粒体是由内外两层单位膜套叠而成的封闭性囊状结构,包括外膜、内膜、基粒、膜间腔、基质腔。

（1）外膜：外膜是包围在线粒体最外面的一层单位膜，光滑平整，有较高的通透性。

（2）内膜：内膜位于外膜内侧一层单位膜，通透性很低，内膜与氧化磷酸化的功能有密切的关系。

（3）基粒：线粒体内膜向内室折叠形成的结构，称为嵴。内膜（包括嵴）的基质面上规则排列着带柄的球状小体称为基粒。它可分为头部、柄部和基片三部分。基粒能催化 ADP 磷酸化形成 ATP，又称 ATP 酶复合体，是耦联磷酸化的关键装置。

（4）膜间腔：内膜与外膜之间的空间称外室或膜间腔，其中充满无定形物质，含有许多可溶性酶、底物和辅助因子。

（5）基质腔：内膜包围的空间称内室或基质腔，在基质中酶类最多，有催化三羧酸循环、脂肪酸氧化、氨基酸分解、蛋白质合成等有关的酶系。此外，基质腔含有线粒体独特的双链环状 DNA、核糖体及一些基质颗粒。

2. 基粒又称 ATP 酶复合体，是固着在内膜（包括嵴）的基质面上，每个线粒体约有 $10^4 \sim 10^5$ 个基粒。基粒是由多种蛋白质亚基组成的，可分为头部、柄部和基片三部分。基粒能催化 ADP 磷酸化形成 ATP，是耦联磷酸化的关键装置。

（1）头部的成分为耦联因子 F_1，含有可溶性 ATP 酶，是由 5 种亚基组成的 $\alpha_3\beta_3\gamma\delta\varepsilon$ 的多聚体，可催化 ATP 的合成。此外，头部还含有一个热稳定的小分子蛋白，称为 F_1 抑制蛋白，它对 ATP 酶复合体的活力具有调节作用，它与 F_1 结合时抑制 ATP 的合成。

（2）柄部是一种对寡霉素敏感的蛋白（OSCP），能与寡霉素特异结合并使寡霉素的解耦联作用得以发挥，从而抑制 ATP 合成。

（3）基片又称耦联因子 F_0，由 3 种亚基组成的疏水性蛋白质复合体（ab_2c_{12}）。F_0 镶嵌于内膜的脂双层中，不仅起连接 F_1 与内膜的作用，而且还是质子（H^+）流向 F_1 的穿膜通道。

3. 线粒体是细胞有氧呼吸的基地和供能场所，细胞生命活动中需要的能量约有 80% 来自线粒体。线粒体是糖类、脂肪和蛋白质最终氧化释能的场所。1 分子葡萄糖经糖酵解、丙酮酸脱氢和三羧酸循环共产生 12 对氢原子，氢原子以质子（H^+）和电子（e^-）形式经内膜上的电子传递链依次传递到 O_2，生成 H_2O。氢原子具有高能电子，当高能电子沿着呼吸链传递时，释放的能量使 ADP 与 Pi 合成 ATP，并以高能磷酸键的形式储存在 ATP 中，供细胞进行各种生命活动。在葡萄糖氧化分解的过程中，1 分子葡萄糖在细胞内彻底氧化成 CO_2 和 H_2O，净生成 32 个 ATP，其中细胞质糖酵解产生 2 个分子的 ATP，其余 30 个 ATP 都是在线粒体内氧化过程中形成的。此外，线粒体还与细胞凋亡、信号转导、细胞内多种离子的跨膜转运及电解质稳态平衡的调控等有关。

4. 线粒体中有线粒体 DNA（mtDNA）基因组，也有蛋白质合成系统（mRNA、tRNA、核糖体、氨基酸活化酶等），但线粒体基因组只能合成少于 10% 的线粒体蛋白质，mtDNA 主要编码线粒体的 tRNA、rRNA 和一些线粒体蛋白质（如电子传递链酶复合体的亚基、ATP 酶亚单位等）。虽然线粒体有自己的蛋白质翻译系统，表现了一定的自主性，但是线粒体中大多数酶或蛋白质（包括核糖体蛋白质、DNA 聚合酶、RNA 聚合酶和蛋白质合成因子等）仍由核基因编码、细胞质中核糖体合成后转运到线粒体，组成线粒体的结构、参与线粒体的功能。因此线粒体在遗传上是一种半自主性的细胞器。

（王英）

第七章

细 胞 骨 架

【内容要点】

细胞骨架（cytoskeleton）是真核细胞中存在的蛋白纤维网架系统，是细胞的重要细胞器，主要包括微管（microtubule，MT）、微丝（microfilament，MF）和中间纤维（intermediate filament，IF）。它们分别由不同的蛋白质以不同的方式组装成不同直径、形态的纤维类型。细胞骨架是一类动态结构，它们通过蛋白亚基的组装与去组装过程来调节其在细胞内的分布与结构。

一、微管的结构、装配和功能

微管的化学组成为球形酸性微管蛋白，有 α- 微管蛋白和 β- 微管蛋白两种。两者分子量相同（55kD），常以二聚体形式存在，是组装成微管的基本单位。微管是一中空的管状结构，内径为 15nm，外径为 25nm。管壁由 13 根原纤维纵向包围而成。α- 微管蛋白和 β- 微管蛋白在构成原纤维时首尾相接交替排列，因此，微管具有极性。微管组装过程分为延迟期、聚合期和稳定期 3 个时期，存在踏车现象。微管存在于所有真核细胞中，参与细胞形态的维持、细胞的运动、细胞内物质运输、细胞分裂时染色体的运动和细胞内信号转导。

二、微丝的组成、结构、组装和功能

微丝主要分布在细胞膜的内侧，其基本组成单位是肌动蛋白（43kD）。细胞内肌动蛋白有两种存在方式，一种是呈游离状态的球形分子，称球状肌动蛋白（G-actin）；另一种是存在于纤维状微丝内的肌动蛋白残基，称纤维状肌动蛋白（F-actin），是有极性的结构。两者一定条件下可相互转换。单根微丝由两条纤维状肌动蛋白相互缠绕形成螺旋结构，螺距 37nm，相当于 14 个球状肌动蛋白分子线形聚合的长度。由于肌动蛋白单体具有极性，因此，微丝亦有正、负极之分。微丝也是一动态结构，在装配过程中也存在着踏车现象。参与微丝组装的还有 40 余种微丝结合蛋白，按其功能可分为五类：掺入因子、聚合因子、交联蛋白和捆绑蛋白、成核因子、移动因子，它们对微丝的组装有调控作用。微丝具有多种重要功能，参与细胞形态的维持、骨骼肌细胞的伸缩、细胞内的物质运输、细胞的运动、细胞分裂以及细胞内信号转导。

三、中间纤维的结构、组装和功能

中间纤维是一类形态上十分相似，而化学组成上有明显差别的蛋白质纤维。中间纤维的类型有：①角蛋白纤维；②波形蛋白纤维；③结蛋白纤维；④胶质纤维酸性蛋白；⑤神经纤维蛋

白;⑥核纤层蛋白。其分布有严格的组织特异性。

IF 蛋白的典型特征是不同类型的中间纤维都具有一个共有的、约 310 个氨基酸残基组成的、在长度和序列上都非常保守的 α 螺旋杆状区。而杆状区的两端则为非螺旋区,分别称为头部区(氨基端)和尾部区(羧基端)。不同类型的中间纤维的头尾两端可具有非常不同的组成和化学性质,故为高度可变区。IF 主要存在于脊椎动物中,与微管、微丝相比,中间纤维更稳定。

中间纤维的功能:除有为细胞提供机械强度、维持细胞和组织完整性的作用外,还与 DNA 复制、细胞分化等有关。

三种细胞骨架虽然结构与功能各异,但三者之间存在着密切联系。

【难点解析】

一、微管的组装过程

组装过程中,首先,α- 微管蛋白和 β- 微管蛋白形成异二聚体,异二聚体首尾相接构成原纤维,由 13 根原纤维纵向包围而成管壁。由于 α- 微管蛋白和 β- 微管蛋白在装配时交替排列,因此微管具有极性。整个过程分为延迟期、聚合期和稳定期 3 个时期,在稳定期由于微管正、负两端的聚合与解离速度达到平衡,使微管长度相对稳定,此现象称为踏车现象。

二、微丝的结构和组装

微丝是一种实心纤维,单根微丝由两条纤维状肌动蛋白相互缠绕形成螺旋结构,螺距 37nm,相当于 14 个球状肌动蛋白分子线形聚合的长度。由于肌动蛋白单体具有极性,因此微丝亦有正、负极之分。

微丝也是一动态结构,在装配过程中也存在着踏车现象。

三、中间纤维的结构和组装

组成中间纤维的成分极为复杂,各类中间纤维蛋白在结构上表现出相似的特征,但组成成分和功能都有所不同。中间纤维蛋白为长的纤维状蛋白,每个蛋白单体都可区分为非螺旋化的头部区(氨基端)、尾部区(羟基端)和中部的 α 螺旋杆状区。头尾两部分是高度可变的,中间纤维蛋白不同种类间的变化,主要取决于头部和尾部的变化。杆状区是一段约 310 个氨基酸的 α 螺旋区,其氨基酸顺序是高度保守的。

两个中间纤维蛋白单体以相同方向组成一个双股螺旋二聚体,两个二聚体以反向平行和半分子交错的形式组成四聚体,四聚体没有极性,四聚体首尾相连组装成原纤维,八根原纤维形成中间纤维。

【练习题】

一、名词解释

细胞骨架

二、选择题

（一）单选题（A1 型题）

1. 微丝中最主要的化学成分是（　　　）
   - A. 原肌球蛋白
   - B. 肌钙蛋白
   - C. 捆绑蛋白
   - D. 肌动蛋白
   - E. 交联蛋白

2. 微丝在非肌细胞中与哪种功能无关（　　　）
   - A. 吞噬活动
   - B. 氧化磷酸化
   - C. 变形运动
   - D. 支架作用
   - E. 变皱膜作用

3. 有抑制微丝聚合作用的是（　　　）
   - A. 秋水仙素
   - B. 细胞松弛素 B
   - C. 长春碱
   - D. Mg^{2+}
   - E. K^+

4. 肌细胞中,构成微丝的主要蛋白是（　　　）
   - A. 肌钙蛋白
   - B. F– 肌动蛋白
   - C. G– 肌动蛋白
   - D. 肌动蛋白和肌球蛋白
   - E. 肌球蛋白

5. 微丝不含哪种蛋白（　　　）
   - A. 波形纤维蛋白
   - B. 肌动蛋白
   - C. 肌球蛋白
   - D. 原肌球蛋白
   - E. 肌动蛋白 – 结合蛋白

6. 下列哪种蛋白质直接参与肌肉收缩（　　　）
   - A. 肌动蛋白
   - B. 角蛋白
   - C. 肌钙蛋白
   - D. 钙调蛋白
   - E. 结蛋白

7. 与微丝功能无关的是（　　　）
   - A. 变形运动
   - B. 支持微绒毛
   - C. 肌肉收缩
   - D. 胞质分裂
   - E. 细胞内物质运输

8. 微管原纤维数目为（　　　）
   - A. 9 条
   - B. 11 条
   - C. 13 条
   - D. 15 条
   - E. 17 条

9. 微管踏车是指（　　　）
   - A. 微管两端聚合和解聚达到平衡时
   - B. 微管正端集合和解聚达到平衡时
   - C. 微管负端聚合和解聚达到平衡时
   - D. 微管正端聚合停止时
   - E. 微管负端聚合停止时

10. 下列哪种结构不是由微管构成（　　　）
    - A. 纺锤体
    - B. 微体
    - C. 中心体
    - D. 纤毛
    - E. 鞭毛

11. 微管的形态一般是（　　　）
    - A. 中空圆柱体
    - B. 中空长方体
    - C. 中空圆球形
    - D. 实心纤维状
    - E. 以上都是

12. 下列哪项与微管的功能无关（　　　）
    - A. 受体作用
    - B. 支持功能
    - C. 细胞运动
    - D. 物质运输
    - E. 信息传递

13. 秋水仙素对纺锤丝的抑制作用可使细胞分裂停于(   )

    A. G_0 期   B. 前期   C. 中期

    D. 后期   E. 末期

14. 促进微管聚合的物质是(   )

    A. 秋水仙素   B. 长春碱   C. Ca^{2+}

    D. Mg^{2+} E. Fe^{2+}

15. 纤毛和鞭毛基体中的微管为(   )

    A. 单管   B. 二联管   C. 三联管

    D. 连续微管   E. 星体微管

16. 关于中间纤维,下列哪项描述是错误的(   )

    A. 中空管状   B. 直径约 10nm

    C. 外与细胞膜相连   D. 内与核纤层直接联系

    E. 分布具有严格的组织特异性

17. 不属于中间纤维的是(   )

    A. 神经元纤维   B. 角蛋白纤维   C. 应力纤维

    D. 神经胶质纤维   E. 波形纤维

18. 中间纤维的特征是(   )

    A. 各类中间纤维蛋白的分子都有一段杆状区

    B. 中间纤维两端是不对称的,具有极性

    C. 头尾两部分是高度保守的非螺旋区

    D. 组织特异性不强

    E. 以上都不是

19. 关于中等纤维组装特点,下列哪项叙述不正确(   )

    A. 以半分子长度交错原则组装   B. 有极性

    C. 中间纤维的横断面上有 32 条多肽   D. 在体内组装时,不同于微管和微丝

    E. 原纤维是由四聚体首尾相接组成的

20. 下列哪项不属于中等纤维的功能(   )

    A. 固定细胞核   B. 参与物质运输

    C. 参与细胞连接   D. 对染色体起空间定向支架作用

    E. 是细胞分裂时收缩环的主要成分

(二)多选题(X 型题)

1. 能特异性阻止微管蛋白聚合的物质是(   )

    A. Na^+ B. Ca^{2+} C. 秋水仙素

    D. 细胞松弛素   E. 鬼笔环肽

2. 微丝的功能主要有(   )

    A. 胞内物质运输   B. 肌肉收缩   C. 胞质分裂

    D. 变形运动   E. 细胞移动

3. 有关微丝描述正确的是(   )

    A. 肌动蛋白单体呈哑铃状   B. 微丝是实心的结构

    C. 单根微丝呈双螺旋结构   D. 捆绑蛋白是微丝结合蛋白

E. 具有极性

4. 下列哪项描述不是微管的特征(　　　　)

A. 中空管状结构　　　　　　　　　B. 外径约为 25nm

C. 稳定期是微管聚合的限速阶段　　D. GTP 可能对组装起调节作用

E. 二联管属于不稳定型微管

5. 中间纤维的特征是(　　　　)

A. 各类中间纤维蛋白的分子都有一段杆状区

B. 中间纤维蛋白单体两端是对称的

C. 中间纤维蛋白单体头尾两部分是高度可变的非螺旋区

D. 组织特异性强

E. 以上都不是

三、填空题

1. 微管的组装可分为 3 个时期：_____期、_____期和_____期。

2. 微管的主要化学成分是_____,包括_____和_____,二者结合形成的_____是微管装配的基本结构单位。

3. 微丝的装配也表现出与微管组装相同的_____,即在一定条件下,微丝的_____端发生组装使微丝得以延长,而其_____端通过去组装使微丝缩短,当两端组装与去组装速率_____时,微丝长度保持不变。

4. 微丝是一种实心的结构,电镜下单根的微丝呈_____结构,每旋转一圈的长度为_____nm,为_____个_____线形聚合的长度。

5. 中间纤维的组装层次为：首先两个中间纤维蛋白分子以_____的方向形成二聚体,二聚体再以_____平行和_____交错的方式组装成四聚体,四聚体_____极性。四聚体首尾相连进一步组装成原纤维,_____根原纤维盘绕成中间纤维。

四、问答题

1. 为什么说细胞骨架是细胞内的一种动态不稳定性结构?

2. 微管的组装过程分为几个时期? 简述各期特点。

【参考答案】

一、名词解释

细胞骨架是由蛋白纤维交织而成的立体网架结构,是细胞的重要细胞器。真核细胞质中的细胞骨架包括微管、微丝和中间纤维。

二、选择题

(一)单选题(A1 型题)

1. D　2. B　3. B　4. D　5. A　6. A　7. E　8. C　9. A　10. B　11. A　12. A
13. C　14. D　15. C　16. A　17. C　18. A　19. B　20. E

（二）多选题（X 型题）

1. BC　2. BCDE　3. ABCDE　4. CE　5. ACD

三、填空题

1. 延迟期；聚合期；稳定期
2. 微管蛋白 α- 微管蛋白；β- 微管蛋白；异二聚体
3. 踏车现象；正；负；相等
4. 双螺旋；37；14；球状肌动蛋白
5. 平行；反向；半分子；没有；8

四、问答题

1. 在细胞内,大多数微管都处于动态变化过程中,即微管的组装和去组装呈一种动态过程。这种动态不稳定性由两个因素决定:游离微管蛋白的浓度和 GTP 水解成 GDP 的速度。结合有 GTP 的微管蛋白二聚体组装到微管的末端后,β 亚基上的 GTP 会水解为 GDP,GDP 微管蛋白对微管末端的亲和性小,容易从末端解聚。当结合有 GTP 的微管蛋白二聚体组装到微管末端的速度大于 GTP 水解的速度时,就会在微管的末端形成 GTP 帽,此时微管趋于生长、延长;当随着微管的组装而使 GTP 微管蛋白二聚体浓度下降时,其组装的速度小于 GTP 水解的速度,就会在微管的末端形成 GDP 帽,GDP 微管蛋白二聚体对微管末端的亲和性小而很快解离下来,导致微管的解聚、缩短。

2. 微管的组装可分为三个时期:延迟期、聚合期和稳定期。

（1）延迟期:微管开始组装时,先由 α、β 异二聚体聚合成一个短的丝状核心,然后异二聚体在核心的两端和侧面结合,延伸、扩展成片状结构,当片状结构聚合扩展至 13 根原纤维时,即横向卷曲、合拢成管状。由于该期微管蛋白异二聚体的聚合速度缓慢,是微管聚合的限速阶段,故称之为延迟期。

（2）聚合期:在这一时期,细胞内高浓度的游离微管蛋白,使微管蛋白二聚体在微管正端的聚合、组装速度远远快于负端的解离速度,微管因此而得以生长、延长,亦称延长期。

（3）稳定期:随着细胞质中游离微管蛋白浓度的下降,微管在正、负两端的聚合与解聚速度达到平衡,使得微管长度趋于相对稳定状态。

微管的组装是一个消耗能量的过程。

（朱友双　关 晶）

第八章　细　胞　核

【内容要点】

一、细胞核概述

间期细胞核的形态结构包括核膜、核仁、染色质与核基质。核的形态大都与细胞的形状相适应。细胞核一般位于细胞的中央,但在有极性的细胞中核位于细胞基底面的一侧。每个细胞通常只有一个核,但是有的细胞有两个核,有的细胞有多个核,甚至几十个核。

细胞核的大小常用细胞核与细胞质的体积比,即核质比(NP)来表示。核质比大表示细胞核大,核质比小表示细胞核小。

二、核被膜

核被膜包括外核膜、内核膜、核周隙、核孔和核纤层。外核膜与内质网相连,有核糖体附着;核周隙与内质网腔相通;内核膜与外核膜平行排列,没有核糖体附着,表面光滑。

三、核孔复合体

核孔复合体由核孔、孔环颗粒、边围颗粒、中央颗粒组成。

四、核纤层

核纤层是附着于内核膜下的纤维状蛋白网,其化学成分为核纤层蛋白。

五、染色质与染色体

染色质的主要化学成分是 DNA、组蛋白,此外还有非组蛋白和 RNA。染色体 DNA 上含有三个特殊序列:复制源顺序、着丝粒顺序、端粒顺序。组蛋白可分为五类:H_1、H_2A、H_2B、H_3、H_4。非组蛋白是指染色体上与特异 DNA 序列相结合的蛋白质,又称为序列特异性 DNA 结合蛋白。

核小体是染色质的基本结构单位。一个核小体的结构包括组蛋白八聚体和长约 200bp 的 DNA,其中缠绕在组蛋白八聚体上的 DNA 叫做核心 DNA,两个八聚体之间的 DNA 称为连接者 DNA。一个分子的组蛋白 H_1 结合在连接者 DNA 上,使核小体链螺旋化成螺线管。螺线管进一步螺旋盘绕,形成超螺线管,管的直径为 400nm,超螺线管再经过进一步的盘曲折叠,形成 2~10μm 染色单体。从 DNA 到染色单体共压缩了约 8400 倍。

常染色质是间期核中结构较为疏松的染色质,呈解螺旋化的细丝纤维,螺旋化程度低,为有功能的染色质,能活跃地进行转录或复制;异染色质是间期核中结构紧密的染色质,螺旋化程度高,转录不活跃,常分布于核的边缘;异染色质根据其功能特点可以分为结构异染色质和兼性异染色质。常染色质和异染色质在化学本质上没有任何差别,在结构上也是连续的,常染色质在一定条件下可以转变为兼性异染色质。

六、核仁

核仁的主要化学成分是 RNA、DNA、蛋白质,此外还有微量的脂类。核仁的结构由纤维中心、致密纤维成分、颗粒成分组成。核仁与细胞内蛋白质的合成密切相关,它是蛋白质合成机器——核糖体的装配场所。

七、核基质

核基质是指真核细胞核内除核被膜、染色质、核纤层、核仁以外的精密网架结构系统。它的基本形态与细胞质中的骨架相似,并与核纤层、中间纤维相互连接形成网络体系,因此又称之为核骨架。

【难点解析】

一、染色体的四级结构

染色体的四级结构是:核小体、螺线管、超螺线管、染色单体;核小体是染色体的基本结构单位。一个核小体的结构包括长约 200bp 的 DNA、一个组蛋白八聚体和一个分子的组蛋白 H_1。两个 H_3、H_4 形成的四聚体,位于核心颗粒的中央,两个 H_2A、H_2B 二聚体分别位于四聚体的两侧。DNA 分子(146bp)盘绕组蛋白八聚体 1.75 圈,这部分 DNA 称为核心 DNA;核心 DNA 和组蛋白八聚体构成核小体的核心颗粒。组蛋白 H_1 在核心颗粒外结合 20bpDNA,锁住 DNA 的进出端,起着稳定核小体的作用。两个核心颗粒之间以 DNA 相连,这部分 DNA 称为连接者 DNA,其典型长度为 60bp。这样约 200bp,长 68nm 的 DNA 形成 10nm 的核小体,DNA 压缩了约 7 倍。螺线管是核小体链螺旋化形成外径 30nm、内径 10nm、相邻螺距为 11nm 的中空的管状结构,管壁每圈含有 6 个核小体,使得 DNA 又压缩了 6 倍。螺线管进一步螺旋盘绕,形成超螺线管,管的直径为 400nm,DNA 又压缩了近 40 倍。超螺线管再经过进一步的盘曲折叠,形成 2~10μm 染色单体。

二、常染色质与异染色质的异同点

常染色质和异染色质在化学本质上没有任何差别,在结构上也是连续的,它们是同一物质,即染色质的两种不同存在状态,常染色质在一定条件下可以转变为兼性异染色质。常染色质螺旋化程度低,为有功能的染色质,转录活跃;异染色质螺旋化程度高,转录不活跃。

三、核仁的结构与核糖体的装配

核仁的结构由纤维中心、致密纤维成分和颗粒成分组成。纤维中心的主要成分是 rDNA,核仁是合成 rRNA 的地方;致密纤维成分就是正在转录合成的 rRNA 分子;颗粒成分就是正在加工、成熟的核糖体亚单位的前体。

核糖体的装配在核仁中进行,首先由核仁中的 rDNA 转录合成 45S 的 rRNA。45S rRNA 首先与来自细胞质的 80 多种蛋白质结合形成核蛋白复合体,然后在酶的催化下,45S rRNA 裂解形成 28S rRNA、18S rRNA、5.8S rRNA,其中 28S rRNA、5.8S rRNA 同来自核仁外的 5S rRNA 与 49 种蛋白质装配成大亚基;18S rRNA 与 33 种蛋白质装配成小亚基。大、小亚基经过核孔运输到细胞质中去,形成有功能的核糖体。

【练习题】

一、名词解释

1. 核质比
2. 核纤层
3. 常染色质与异染色质
4. 结构异染色质与兼性异染色质
5. rDNA
6. 核小体
7. 端粒
8. 核仁
9. 核被膜
10. 核周隙

二、选择题

单选题(A1 型题)

1. 关于细胞核形态的正确说法是( )
   A. 细胞核的形态与细胞的形态一致　　　　B. 细胞核的形态大多与细胞的形状相适应
   C. 大多数细胞核是分叶的　　　　D. 所有的细胞核都是圆形的
   E. 以上都对

2. 与染色质高级结构有关的组蛋白是( )
   A. H_1　　　　B. H_2A　　　　C. H_2B
   D. H_3　　　　E. H_4

3. 下列哪个不是染色体上 DNA 的特殊序列( )
   A. 复制源顺序　　　　B. 端粒顺序　　　　C. 着丝粒顺序
   D. 侧翼顺序　　　　E. 以上都不对

4. 组蛋白中有种属特异性的是( )
   A. H_1　　　　B. H_2A　　　　C. H_2B
   D. H_3　　　　E. H_4

5. 关于 5S rRNA 的叙述正确的是( )
   A. 由核仁外 DNA 合成
   B. 真核细胞的核糖体有而原核细胞的核糖体无
   C. 只有真核细胞的核糖体有
   D. 参与核糖体的大亚基与小亚基的组装
   E. 以上都对

6. 下面关于染色质的说法错误的是( )

A. 染色质的主要成分是组蛋白和 DNA

B. 非组蛋白与染色质无关

C. 在细胞分裂各个时期染色质具有不同的结构

D. 常染色质与异染色质在结构上是连续的

E. 以上都不对

7. 哺乳类细胞核糖体（核蛋白颗粒）的大亚基有（　　　）

A. 一个 rRNA 分子　　　　B. 三个 rRNA 分子　　　　C. 四个 rRNA 分子

D. 两个 rRNA 分子　　　　E. 以上都对

8. 关于内核膜的说法哪一个是错误的（　　　）

A. 内表面有一层致密的纤维网络，即核纤层

B. 内核膜与外核膜在核孔处相连

C. 内核膜有核糖体附着

D. 内核膜与外核膜平行

E. 以上都不对

9. 核仁的主要功能是（　　　）

A. 合成全部的 rRNA　　　　B. 是核糖体的装配场所　　　　C. 合成蛋白质的地方

D. 合成 tRNA 的场所　　　　E. 以上都对

10. 下面关于核基质的说法不正确的是（　　　）

A. 核基质的基本形态与细胞骨架相似，又称为核骨架

B. 核基质与 DNA 包装和染色体的构建有关

C. 核基质的成分是非组蛋白性的纤维蛋白

D. 核基质与核纤层结构和功能是一样的

E. 以上都不对

11. 关于核被膜下列叙述错误的是（　　　）

A. 由两层单位膜组成　　　　B. 有核孔　　　　C. 有核孔复合体

D. 外膜附着核蛋白体　　　　E. 是封闭的膜结构

12. 核质比反映了细胞核和细胞体积之间的关系,当核质比变大时说明（　　　）

A. 细胞质随细胞核的增加而增加　　　　B. 细胞核不变而细胞质增加

C. 细胞质不变而核增大　　　　D. 细胞核与细胞质均不变

E. 细胞质不变而核减小

13. 染色质的基本结构单位是（　　　）

A. 染色单体　　　　B. 子染色体　　　　C. 核小体

D. 螺线管　　　　E. 超螺线管

14. 下列结合在核心颗粒之间的 DNA 分子上的组蛋白是（　　　）

A. H_1　　　　B. H_2A　　　　C. H_2B

D. H_3　　　　E. H_4

15. 以下不能在细胞核中发现的是（　　　）

A. 正在行使功能的核糖体　　　　B. 染色质浓缩为染色体

C. 能产生 rRNA 的核仁　　　　D. DNA 自我复制

E. 贮存遗传信息

16. 组成核小体的主要物质是（　　　）

　　A. rRNA 和蛋白质 　　　　　　　　　B. mRNA 和蛋白质

　　C. RNA 和非组蛋白 　　　　　　　　　D. 非组蛋白和组蛋白

　　E. DNA 和组蛋白

17. 研究染色体形态的最佳时期是（　　　）

　　A. 间期 　　　　　　　　B. 前期 　　　　　　　　C. 中期

　　D. 后期 　　　　　　　　E. 末期

18. 常染色质是指间期细胞核中（　　　）

　　A. 致密的（深染）、螺旋化程度高的、有活性的染色质

　　B. 疏松的（浅染）、螺旋化程度低的、无活性的染色质

　　C. 致密的、螺旋化程度高的、无活性的染色质

　　D. 疏松的、螺旋化程度高的、有活性的染色质

　　E. 疏松的、螺旋化程度低的、有活性的染色质

19. 下列不能在光学显微镜下见到的结构是（　　　）

　　A. 核小体 　　　　　　　　B. 染色体 　　　　　　　　C. 染色质

　　D. 核仁 　　　　　　　　E. 细胞核

20. 染色体与染色质的关系正确的是（　　　）

　　A. 同一物质在细胞周期中同一时期的不同表现

　　B. 不是同一物质，所以形态不同

　　C. 是同一物质在细胞增殖周期中不同时期的形态表现

　　D. 是同一物质，且形态相同

　　E. 以上都不是

三、填空题

1. 核膜的结构由 _____、_____、_____、_____ 和核纤层组成。

2. 染色质的主要成分是 _____、_____ 和 _____。

3. 染色体的基本结构单位是 _____。

4. 核仁的结构包括 _____、_____ 和 _____。

5. 除膜结构外核孔复合体的基本组分包括 _____、_____ 和 _____。

6. 组蛋白按照其性质可以分为 _____、_____、_____、_____ 和 _____。

7. 染色体末端的特化部位称为 _____。

8. 异染色质可以分为 _____ 和 _____。

9. 间期细胞核的组成包括 _____、_____、_____ 和 _____。

10. 核小体是由 _____ 左右的碱基对的 _____ 片段和 _____ 种组蛋白组成。

11. 核仁的主要功能是合成 _____ 和组装 _____。

12. 内外两层核膜之间的空隙称为 _____，它与 _____ 腔相通。

13. 细胞核的大小常用 _____ 与 _____ 的体积比，即核质比来表示。

14. 核膜上有核糖体附着的是 _____，没有核糖体附着的是 _____。

15. 间期细胞核内的染色质可以根据其形态分为 _____ 和 _____。

四、问答题

1. 试述核小体的结构。
2. 间期细胞核中的染色质分为哪几种类型？它们之间有什么异同点？
3. 染色体的四级结构模型与支架模型有什么异同点？
4. 组蛋白与非组蛋白都是染色质的成分，它们有何特点与作用？
5. 试述核孔复合体的结构与作用。
6. 试述染色质与染色体的区别和联系。
7. 细胞核的主要功能有哪些？

【参考答案】

一、名词解释

1. **核质比**　是细胞核的体积与细胞质的体积之比，核质比大表示细胞核大，核质比小表示细胞核小。

2. **核纤层**　是附着于内核膜下的纤维状蛋白网，其化学成分由 3 种属于中间纤维的多肽混合组成，分别称为核纤层蛋白 A、B、C。通过磷酸化、去磷酸化过程对核膜的崩解和重组起着调控作用。

3. **常染色质**　是间期核中结构较为疏松的染色质，具有较弱的嗜碱性，染色较浅，折光性小，螺旋化程度低，为有功能的染色质，能活跃地进行转录或复制，在一定程度上控制着间期细胞的活动。

异染色质　是间期核中结构紧密的染色质，具有强烈的嗜碱性，碱性染料着色深，螺旋化程度高，转录不活跃，呈各种不同的深染纤维、颗粒状团块散布在整个细胞核中。

4. **结构异染色质**　是指各种类型的细胞中，除复制期以外，在整个细胞周期均处于凝聚状态的染色质。它们多位于着丝粒区域、端粒和染色体臂的次缢痕部位，含有重复序列 DNA。

兼性异染色质　是指在一定的细胞类型或在一定的发育阶段由原来的常染色质凝集，并丧失基因转录活性而转变成异染色质。在一定条件下，兼性染色质又可以向常染色质转变，恢复转录活性。

5. **rDNA**　是从染色体上向核仁伸出的 DNA 袢环，袢环上有 rRNA 基因串联排列，可进行高速转录，产生 rRNA。

6. **核小体**　是染色体的基本结构单位。一个核小体的结构包括长约 200bp 的 DNA、一个组蛋白八聚体和一个分子的组蛋白 H_1。两个 H_3、H_4 形成的四聚体，位于核心颗粒的中央，两个 H_2A、H_2B 二聚体分别位于四聚体的两侧。DNA 分子（146bp）盘绕组蛋白八聚体 1.75 圈，这部分 DNA 称为核心 DNA；核心 DNA 和组蛋白八聚体构成核小体的核心颗粒。组蛋白 H_1 在核心颗粒外结合 20bp DNA，锁住 DNA 的进出端，起着稳定核小体的作用。两个核心颗粒之间以 DNA 相连，这部分 DNA 称为连接者 DNA。

7. **端粒**　是染色体末端的特殊部位，为一特殊的核苷酸序列。它可以防止染色体末端彼此粘连，使染色体独立存在。

8. **核仁**　是细胞核内无包膜、折光率极强的球状小体，核仁的形状、大小、数目和位置随着生物种类、细胞类型和生理状况而异。核仁由纤维中心、致密纤维成分、颗粒成分和核仁基质组成。核仁在细胞分裂前消失,后期在染色体的核仁组织区重新形成,它是合成核糖体核糖核酸和装配核糖体亚基的场所。

9. 核被膜 是不对称的双层膜,它将细胞核内含物(核质)与细胞质分开。

10. 核周隙 位于内、外核膜之间,宽约 20~40nm,与内质网相通,其中含有液态的无定形物质,含有多种蛋白质和酶。

二、选择题

单选题(A1 型题)

1. B 2. A 3. D 4. A 5. A 6. B 7. B 8. C 9. B 10. D 11. E 12. C
13. C 14. A 15. A 16. E 17. C 18. E 19. A 20. C

三、填空题

1. 外核膜;内核膜;核周隙;核孔

2. DNA;组蛋白;非组蛋白

3. 核小体

4. 纤维中心;致密纤维成分;颗粒成分

5. 孔环颗粒;周边颗粒;中央颗粒

6. H_2A;H_2B;H_3;H_4;H_1

7. 端粒

8. 结构异染色质;兼性异染色质

9. 核膜;染色质;核仁;核基质

10. 200;DNA;五

11. rRNA;核糖体

12. 核周隙;内质网

13. 细胞核;细胞质

14. 外核膜;内核膜

15. 常染色质;异染色质

四、问答题

1. 一个核小体的结构包括长约 200bp 的 DNA、一个组蛋白八聚体和一个分子的组蛋白 H_1。两个 H_3、H_4 形成的四聚体,位于核心颗粒的中央,两个 H_2A、H_2B 二聚体分别位于四聚体的两侧。DNA 分子(146bp)盘绕组蛋白八聚体 1.75 圈,这部分 DNA 称为核心 DNA;核心 DNA 和组蛋白八聚体构成核小体的核心颗粒。组蛋白 H_1 在核心颗粒外结合 20bp DNA,锁住 DNA 的进出端,起着稳定核小体的作用。两个核心颗粒之间以 DNA 相连,这部分 DNA 称为连接者 DNA。

2. 间期细胞核中的染色质分为常染色质与异染色质。它们的相同点是,这两种染色质的化学成分是相同的,它们是同一种物质的两种不同存在形式。它们的不同点是常染色质螺旋化程度低,结构疏松,染色浅,转录活跃;而异染色质螺旋化程度高,结构紧密,染色深,转录不活跃。

3. 染色体的四级结构模型与支架模型的基本结构单位都是核小体,核小体形成核小体链,然后再螺旋形成螺线管。四级结构模型认为螺线管进一步地螺旋化形成超螺线管,再进一步地折叠成染色单体。而支架模型认为由非组蛋白形成支架,螺线管以袢环沿着染色单体的纵轴向外伸出,形成放射状环。环的基部连在染色单体中央的非组蛋白支架上,每个 DNA 袢环平均含有 350 个核小体,每 18 个袢环呈放射状平行排列形成微带,再由微带沿纵轴构建染色单体。

4. 组蛋白是组成染色质结构的蛋白质,可以分为 5 种,即 H_1、H_2A、H_2B、H_3、H_4。组蛋白为富含精氨酸和赖氨酸的碱性蛋白质,溶于水、稀酸和稀碱;它带正电荷,能与带负电荷的 DNA 紧密结合。除 H_1 外,其余蛋白质在进化上非常保守。非组蛋白是指染色体上与特异 DNA 序列相结合的蛋白质,又称为序列特异性 DNA 结合蛋白,为富含天冬氨酸、谷氨酸的酸性蛋白质,带负电荷;非组蛋白具有种属特异性和组织特异性。

5. 核孔复合体由核孔、八对孔环颗粒、八个边围颗粒、一个中央颗粒组成。核孔复合体是细胞质与细胞核之间进行物质运输的通道,普遍存在于各种细胞的核膜上。

6. 染色质与染色体的化学成分是一样的,都是由 DNA、组蛋白、非组蛋白、RNA 等组成,是遗传物质的载体。染色质存在于细胞间期核中,而染色体存在于细胞分裂期。所以染色质与染色体是同一种物质周期性相互转化的不同形态。

7. 细胞核是细胞内最重要的细胞器,一般说来,细胞失去细胞核就不能生存。细胞核的功能主要有两方面:①它是遗传信息的主要贮存场所,含有细胞生长、分裂、分化等所需要的全部基因,细胞分裂时通过复制将遗传信息传给下一代细胞;②它是 DNA 复制和 RNA 转录的场所,进行遗传信息的表达时,合成蛋白质所需要的 mRNA、rRNA 和 tRNA 都是来自细胞核,新合成的 mRNA、tRNA 和核糖体亚单位从核内运输到细胞质,以及蛋白质和能源物质等成分从细胞质运输到核内,需要依靠核被膜的转运,核被膜调节着核–质之间的物质交换。总之,细胞核是细胞内 DNA 贮存、复制和 RNA 转录的中心,也是细胞代谢、生长、分化和繁殖的控制中心。

（尚喜雨）

第九章　细胞的增殖

【内容要点】

一、细胞增殖

指细胞通过分裂使细胞数目增加,使子细胞获得和母细胞相同遗传特性的过程。生物的细胞增殖方式有三种:无丝分裂、有丝分裂和减数分裂。

二、细胞周期

1. 细胞周期的概念　是指细胞从一次有丝分裂结束开始到下一次有丝分裂结束所经历的过程。

2. 细胞周期的分期　细胞周期分为两个阶段:间期和分裂期。间期的细胞内部发生着以DNA 复制为主的复杂的物质变化,具体又分为 DNA 合成前期（G_1 期）、DNA 合成期（S 期）和DNA 合成后期（G_2 期）。这样,加上有丝分裂期（M 期）,细胞周期可分为 G_1 期、S 期、G_2 期和M 期。其中 S 期的 DNA 合成加倍和 M 期的染色体平均分配到两个子细胞是细胞周期的两个关键变化。

3. 细胞的增殖特性　根据细胞 DNA 合成和分裂能力的不同,可将哺乳动物细胞分为三类。①持续增殖的细胞:这类细胞保持分裂能力,连续增殖,不断地产生新细胞;②暂不增殖细胞:这些细胞暂时离开细胞周期,停止细胞分裂,但在适当的刺激下（如损伤）,又可重新进入细胞周期,恢复增殖能力,以补充失去的细胞;③终末分化细胞:这类细胞完全失去了增殖能力。

4. 细胞周期各时期的特点

（1）DNA 合成前期（G_1 期）:G_1 期是指前一次细胞分裂结束到 DNA 合成开始前的一段时间,是子细胞生长发育的时期。首先,mRNA、rRNA、tRNA 的合成加速,导致结构蛋白和酶蛋白的形成。其次,与 DNA 合成有关的一些酶如胸腺嘧啶激酶、胸腺嘧啶核苷酸激酶、脱氧胸腺嘧啶核苷酸合成酶、DNA 聚合酶等活性增高,为细胞进入 S 期作好准备。

（2）DNA 合成期（S 期）:S 期是从 DNA 合成开始到 DNA 合成终止的时期,是 DNA 在细胞周期中功能最活跃的时期。在这段时间内,DNA 既要完成自身的复制,又要进行转录和合成蛋白质的活动。

（3）DNA 合成后期（G_2 期）:G_2 期是从 DNA 合成结束到细胞分裂开始前的阶段。细胞进入 G_2 期后,开始新的 RNA 和蛋白质的合成。这些 RNA 和蛋白质主要是细胞进入 M 期所必需的,主要有:①促有丝分裂因子（MPF）:MPF 是启动细胞从 G_2 期向 M 期转移的蛋白激酶,该激酶活性在分裂中期达到高峰;②微管蛋白。

三、细胞的有丝分裂

有丝分裂是一个连续的过程,按其时间顺序可分为前期、中期、后期和末期。在这一过程中发生的主要变化有:①细胞膜的崩解和重建;②染色质凝聚形成染色体和染色质的重新形成;③纺锤体的形成和染色体的运动;④细胞质的分裂,其中包括膜相细胞器的囊泡化、分离和囊泡融合再次形成膜相细胞器。

四、减数分裂

1. 减数分裂的概念 减数分裂是有性生殖个体性成熟后,在形成生殖细胞的过程中发生的一种特殊的细胞分裂方式,即在间期 DNA 只复制一次,细胞连续分裂两次,结果一个细胞形成四个子细胞,每个子细胞中染色体数目及 DNA 含量减少一半。

2. 减数分裂的特点 减数分裂是一种特殊的有丝分裂,不同的是减数分裂由两次分裂构成,包括第一次减数分裂和第二次减数分裂。第一次减数分裂是同源染色体通过联会进行片段交换,然后分开;第二次分裂与有丝分裂相似,是姐妹染色单体分开,经过两次分裂形成四个单倍体子细胞。

3. 减数分裂的生物学意义 ①保持着生物物种染色体数目的相对稳定,也保证了遗传性状的相对稳定,这是减数分裂最重要的生物学意义。②减数分裂中同源染色体的相互分离,使同源染色体相对位置的等位基因彼此分离,这正是孟德尔分离定律的细胞学基础。③减数分裂中非同源染色体之间可以随机组合进入同一生殖细胞,而非同源染色体上的非等位基因亦随机组合,因此,减数分裂也是孟德尔自由组合定律的细胞学基础。④每一条染色体上都有许多基因,减数分裂中,同一条染色体上的基因必然伴随这条染色体进入一个生殖细胞,但联会时,同源染色体之间可能发生非姐妹染色单体的部分交换,这就是摩尔根基因连锁和互换定律的细胞学基础。⑤减数分裂过程中,非同源染色体是否进入同一个生殖细胞是随机的,因此减数分裂是生物个体多样性和变异的细胞学基础。

五、精子与卵子的发生及性别决定

1. 精子的发生 精子发生在睾丸生精小管的生精上皮中,可分为增殖期、生长期、成熟期和变形期四个阶段,一个初级精母细胞经过减数分裂形成四个精子,精子有 X、Y 两种类型。

2. 卵子的发生 卵子来源于卵巢的生发上皮,和精子相比,卵子无变形期,一个初级卵母细胞经过减数分裂形成一个卵细胞和三个极体,卵子只有一种类型。

3. 性别决定 由于精子有两种类型,卵子只有一种类型,所以人类的性别决定主要取决于精子性染色体的类型。

六、细胞的增殖与医学

1. 细胞增殖与肿瘤 肿瘤是生物体细胞正常生长失去控制的结果。肿瘤细胞失去了正常的增殖性调节功能,始终处于增殖状态而不能进入静止期;肿瘤细胞还具有自我分泌生长因子的能力,不需要外源性生长因子的激活作用而持续地进行增殖。

2. 细胞周期与肿瘤治疗 肿瘤的常规治疗方法包括化疗、放疗和手术等,根据肿瘤细胞分裂、增殖的情况,针对性选用治疗方法或药物,可使治疗效果显著提高。

【难点解析】

一、细胞周期各时期的特点

细胞周期是指细胞数目扩大一倍所需的时间,即从细胞的一次有丝分裂结束开始到下一次有丝分裂结束所经历的过程。一个完整的有丝分裂细胞周期可以分为几个阶段,按照时间顺序分别为 G_1 期、S 期、G_2 期和 M 期。G_1 期主要为 S 期的 DNA 合成作准备,这个阶段伴随着细胞体积的增大,还要合成多种蛋白酶,以备 DNA 合成使用;S 期主要合成 DNA 和组蛋白;G_2 期则主要为 M 期作准备,如合成微管蛋白,为 M 期组装纺锤体准备材料,进一步增大细胞体积,以满足细胞一分为二的需要;M 期可分为前期、中期、后期和末期。

二、减数分裂的特点

减数分裂是一种特殊的有丝分裂,不同的是减数分裂由两次分裂构成,包括第一次减数分裂(减数分裂 I)和第二次减数分裂(减数分裂 II)。第一次减数分裂是同源染色体通过联会进行片段交换,然后分开;第二次分裂与有丝分裂相似,是姐妹染色单体分开,经过两次分裂形成四个单倍体子细胞。

减数分裂 I 中前期 I 的偶线期同源染色体之间形成联会结构,到粗线期发生同源染色体交换,从而实现 DNA 重组的功能。在后期 I 阶段,位于赤道板上的同源染色体分开,在纺锤体的作用下分离并分别向细胞的两极移动,最后到达两极的染色体数相等。每条染色体均由两条姐妹染色单体组成,因而其 DNA 的含量仍为 2n,但染色体的个数为 n。

第二次减数分裂的过程与体细胞有丝分裂相似,可分为前期 II 、中期 II 、后期 II 和末期 II 。经减数分裂 II ,每条染色体的两条染色单体分开。最后,每个子细胞核内有 n 条以单体为单位的染色体,DNA 含量为母细胞的一半。

经过上述的两次减数分裂,由 1 个母细胞分裂成 4 个子细胞,子细胞的染色体数目与母细胞相比,减少了一半,而且染色体的组成和组合彼此间也各不相同。

【练习题】

一、名词解释

1. 细胞周期
2. 有丝分裂
3. 减数分裂
4. 联会
5. 同源染色体
6. 四分体

二、选择题

（一）单选题（A1 型题）

1. G₀ 期细胞指（ ）

   A. 永不增殖细胞　　　　B. 持续增殖细胞　　　　C. 暂不增殖细胞

   D. 不育细胞　　　　　　E. 分化细胞

2. 在细胞周期中,要辨认染色体的形态和数目,应选择（ ）

   A. 间期　　　　　　　　B. 前期　　　　　　　　C. 中期

   D. 后期　　　　　　　　E. 以上都不是

3. 在减数分裂过程中姊妹染色单体的分离发生在（ ）

   A. 前期 I 　　　　　　　B. 后期 I 　　　　　　　C. 前期 II

   D. 后期 II 　　　　　　　E. 以上都不对

4. 下列哪一项不是有丝分裂前期的变化（ ）

   A. 形成纺锤体

   B. 每条染色体由两条染色单体组成

   C. 核膜消失

   D. 染色质凝集成为染色体且达到最大限度凝缩

   E. 核仁消失

5. 有丝分裂的哪个时期核膜核仁溶解消失（ ）

   A. 中期　　　　　　　　B. 前期　　　　　　　　C. 后期

   D. 末期　　　　　　　　E. 间期

6. 关于细胞增殖周期,错误说法是（ ）

   A. 间期为静止时期　　　　　　　B. 在 S 期进行 DNA 的合成

   C. 在 S 期进行组蛋白的合成　　　D. 在 G₂ 期合成纺锤丝的微管蛋白

   E. G₁ 期进行 RNA 及蛋白质的合成

7. 一个细胞核中有 20 个染色体的细胞,在连续进行两次有丝分裂后,产生的子细胞中有染色体（ ）

   A. 10 个　　　　　　　　B. 20 个　　　　　　　　C. 30 个

   D. 40 个　　　　　　　　E. 以上都不是

8. 减数分裂中二价体在（ ）时期形成

   A. 细线期　　　　　　　B. 偶线期　　　　　　　C. 粗线期

   D. 双线期　　　　　　　E. 终变期

9. 减数分裂过程中同源染色体联会发生在（ ）

   A. 细线期　　　　　　　B. 偶线期　　　　　　　C. 粗线期

   D. 双线期　　　　　　　E. 终变期

10. 关于同源染色体,不正确的说法是（ ）

    A. 形态、大小相同　　　　　　　B. 载有等位基因

    C. 只有一条来自父亲　　　　　　D. 减数分裂后期 II 发生分离

    E. 减数分裂后期 I 发生分离

11. 有丝分裂中期的人体细胞中有（ ）

A. 46 条染色体, 46 个 DNA 分子   B. 46 条染色体, 92 个以上 DNA 分子

C. 46 条染色体, 92 个 DNA 分子   D. 23 条染色体, 46 个 DNA 分子

E. 以上都不是

12. 减数分裂 I 中发生分离的是（　　　）

A. 姐妹染色单体   B. 非姐妹染色单体   C. 同源染色体

D. 非等位基因   E. 非同源染色体

13. 在减数分裂过程中染色体数目的减半发生在（　　　）

A. 前期 I   B. 后期 I   C. 前期 II

D. 后期 II   E. 末期 II

14. 减数分裂 II 中发生分离的是（　　　）

A. 姐妹染色单体   B. 非姐妹染色单体   C. 同源染色体

D. 非等位基因   E. 非同源染色体

15. 100 个初级卵母细胞经过减数分裂以后可以形成（　　　）个卵子

A. 100   B. 200   C. 300

D. 400   E. 500

16. 在细胞周期的（　　　）时期进行微管蛋白的合成

A. G_1 期   B. 前期   C. 中期

D. S 期   E. G_2 期

17. 在细胞周期的（　　　）进行 DNA 的合成

A. 间期   B. 前期   C. 中期

D. 后期   E. 末期

18. 用显微镜观察洋葱根尖细胞有丝分裂装片时, 能看到的结构是（　　　）

A. 中心体   B. 高尔基体   C. 叶绿体

D. 染色体   E. 核糖体

19. 人体皮肤受伤后, 伤口处细胞分裂促使伤口愈合, 这种细胞分裂是（　　　）

A. 无丝分裂   B. 有丝分裂   C. 减数分裂

D. 分裂生殖   E. 缢裂

20. 20 个卵母细胞和 10 个精母细胞, 理论上如果全部发育成熟并正常进行受精作用, 能产生（　　　）个合子

A. 10   B. 20   C. 30

D. 40   E. 60

（二）多选题（X 型题）

1. 进入 G_1 期的细胞去向包括（　　　）

A. 始终保持增殖能力

B. 始终停止在 G_1 期而失去增殖能力

C. 一部分细胞经分化后行使一定的功能, 暂不增殖

D. 立即被溶酶体清除

E. 不属于以上四种情况

2. 细胞周期可分为（　　　）

A. G_1 期   B. S 期   C. G_2 期

D. M 期   E. M_1 期

3. 有丝分裂期可分为（　　　）

A. 前期   B. 中期   C. 准备期

D. 后期   E. 末期

4. 减数分裂Ⅰ的前期根据染色体的形态变化可分为（　　　）

A. 细线期   B. 偶线期   C. 粗线期

D. 双线期   E. 终变期

5. 下列关于第一次减数分裂和第二次减数分裂的说法正确的是（　　　）

A. 都可以分为前中后末几个时期

B. 结束时都发生了染色体 DNA 的含量减半的情况

C. 第一次是同源染色体分离,第二次是姐妹染色体分离

D. 结束时都发生了染色体减半的情况

E. 都有纺锤丝参与

6. 有丝分裂和减数分裂异同比较,正确的是（　　　）

A. 结果不一样,有丝分裂产生的是体细胞,减数分裂产生的是生殖细胞

B. 发生部位不一样,有丝分裂是全身的体细胞,而减数分裂限于生殖细胞

C. 发生过程不一样,前者是复制一次,分裂一次;后者是复制一次,分裂两次

D. 意义也有差别,前者完成生物个体生长、发育;后者是为了完成生殖功能

E. 子细胞数不同,前者分裂成了两个子细胞;后者是形成了四个子细胞

7. 减数分裂过程中与生殖细胞种类有关的特有变化是（　　　）

A. 核膜消失   B. 同源染色体分离

C. 姐妹染色单体分离   D. 非姐妹染色单体之间的交叉互换

E. 核仁消失

8. 能发生减数分裂的细胞是（　　　）

A. 初级卵母细胞   B. 卵细胞   C. 初级精母细胞

D. 精细胞   E. 极体

9. 下面是减数分裂完成时产物的是（　　　）

A. 第一极体   B. 第二极体   C. 精细胞

D. 卵细胞   E. 次级卵母细胞

10. 精子的形成过程和卵子的形成都要经过（　　　）时期

A. 增殖   B. 生长   C. 膨胀

D. 成熟   E. 积聚卵黄

三、填空题

1. 细胞周期分为_____和_____两个时期,两者相比,_____是短暂的;而_____占绝大部分时间;分裂间期分为三个时期,即_____、_____和_____;而分裂期也被人们分为_____、_____、_____和_____四个时期。

2. 进入 G_1 期的细胞的三种去向是_____、_____和_____。

3. 第一次减数分裂结束时分离的染色体是_____,第二次减数分裂分离的染色体是_____;染色体减半发生在减数第_____次分裂结束;减数分裂结束后产生的子细

胞染色体数目是体细胞的_____。

4. 有着丝点相连的染色单体互称为_____,相互配对的染色体是_____;发生交叉互换的染色体是_____;染色体最大凝缩,光镜下清晰可见的时期是_____分裂的_____期。

四、问答题

1. 简述 G_1 期细胞 3 种可能去向。

2. G_1 细胞发生哪些变化? G_1 期内有没有细胞周期敏感点? 若有,请说出在何时。

3. S 期细胞发生哪些变化? 有何临床意义?

4. 简述减数分裂的意义。

5. 简述精子的发生和卵子发生的异同。

【参考答案】

一、名词解释

1. 细胞周期 细胞周期是指细胞从一次有丝分裂结束开始到下一次有丝分裂结束所经历的过程。

2. 有丝分裂 有丝分裂是真核细胞增殖的主要方式,每分裂一次,一个细胞形成两个子细胞,分裂的结果是遗传物质平均分配到两个子细胞中,从而保证了细胞在遗传上的稳定性。

3. 减数分裂 减数分裂是有性生殖个体性成熟后,在形成生殖细胞的过程中发生的一种特殊的细胞分裂方式,即在间期 DNA 只复制一次,细胞连续分裂两次,结果一个细胞形成四个子细胞,每个子细胞中染色体数目及 DNA 含量减少一半。

4. 联会 减数第一次分裂前期的偶线期同源染色体从某一点开始靠拢在一起,在相同的位置上准确的配对,称为联会。

5. 同源染色体 同源染色体是指在大小和形态上相同的一对染色体,上面载有成对的基因,其中一条来自父本,另一条来自母本。

6. 四分体 减数第一次分裂的粗线期,联会后的每个二价体是由两条同源染色体组成,每条染色体的着丝粒连接着两条姐妹染色单体,这样每个二价体含有四条染色单体,称为四分体。

二、选择题

（一）单选题（A1 型题）

1. C 2. C 3. D 4. D 5. B 6. A 7. B 8. B 9. B 10. D 11. C 12. C 13. B 14. A 15. A 16. E 17. A 18. D 19. B 20. B

（二）多选题（X 型题）

1. ABC 2. ABCD 3. ABDE 4. ABCDE 5. ACE 6. CDE 7. BD 8. AC 9. BCD 10. ABD

三、填空题

1. 间期;分裂期;分裂期;间期;DNA 合成前期;DNA 合成期;DNA 合成后期;前期;中期;后期;末期

2. 持续增殖的细胞；暂不增殖细胞；终末分化细胞

3. 同源染色体；姐妹染色体；一；一半

4. 姐妹染色单体；同源染色体；同源染色体的非姐妹染色单体；有丝分裂；中

四、问答题

1. 在完成细胞分裂后，生物体内大多数细胞是停留在 G_1 期，进入 G_1 期的细胞可有三种去向：①一部分细胞始终保持增殖能力，不断进行细胞分裂，这类细胞称为增殖细胞；②一部分细胞完成细胞增殖周期后，始终停止在 G_1 期而失去增殖能力，直至死亡，这类细胞也称为"不育"细胞或终末分化细胞；③一部分细胞经分化后行使一定的功能，细胞有增殖能力但暂不增殖，在给予适当刺激后可以重新进入细胞周期，开始细胞分裂，称暂不增殖细胞。

2. G_1 期细胞进行着剧烈的生化变化，此时细胞体积增大，物质代谢活跃，合成 rRNA、mRNA、tRNA 和核糖体。G_1 期内有细胞周期敏感点，在 G_1 期末，是推进细胞周期的一个关键时刻。

3. S 期完成 DNA 的复制，也同时合成一些组蛋白。细胞一旦进入 S 期，细胞增殖活动就会进行下去，直到分裂成两个子细胞。临床上，可以用某些化疗药物作用于此期，阻断肿瘤细胞的 DNA 合成，以达到治疗的目的。

4. ①在有性生殖过程中，经减数分裂形成的精子和卵子都是单倍体（人类 n = 23），在受精过程中，精卵结合成受精卵，又恢复至原来的二倍体（人类 2n = 46），这样周而复始，保持着生物物种染色体数目的相对稳定，也保证了遗传性状的相对稳定，这是减数分裂最重要的生物学意义。②减数分裂中同源染色体的相互分离，使同源染色体相对位置的等位基因彼此分离，这正是孟德尔分离定律的细胞学基础。③减数分裂中非同源染色体之间可以随机组合进入同一生殖细胞，而非同源染色体上的非等位基因亦随机组合，因此，减数分裂也是孟德尔自由组合定律的细胞学基础。④每一条染色体上都有许多基因，减数分裂中，同一条染色体上的基因必然伴随这条染色体进入一个生殖细胞，但联会时，同源染色体之间可能发生非姐妹染色单体的部分交换，这就是摩尔根基因连锁和互换定律的细胞学基础。⑤由于减数分裂过程中，非同源染色体是否进入同一个生殖细胞是随机的，如果再考虑到非姐妹染色单体间所发生的互换，减数分裂是生物个体多样性和变异的细胞学基础。

5. 精子发生和卵子发生主要有以下几个方面的不同。①数量不同：一个初级精母细胞可以形成四个精子，而一个初级卵母细胞只能形成一个卵细胞；一个男性个体的初级精母细胞可以有许多，成熟的精子一次可排出数千万个；而一个女性个体只有大约 400 个初级卵母细胞发育，而卵子一次一般只排出一个。②发育过程差异：精子形成过程中要经过一个明显的变形期，而卵细胞的产生没有明显的变形期；男性性成熟以后，精原细胞形成初级精母细胞，进行减数分裂形成精子；而女性早在胚胎发育晚期卵原细胞就已经开始形成初级卵母细胞并开始减数分裂至双线期，性成熟后，每月一般只有一个初级卵母细胞继续进行减数分裂，排出一个成熟的卵泡，其中的次级卵母细胞停留在第二次减数分裂中期，受精后才完成第二次分裂，如未受精，则退化消失。

（张群芝）

第十章　细胞的分化、衰老与死亡

【内容要点】

一、细胞分化

1. 细胞分化的概念　细胞分化是指受精卵经过卵裂产生的同源细胞在形态结构、生理功能和蛋白质合成等方面产生稳定性差异的过程。分化细胞内表达的基因可以分为两大类：一类是管家基因，另一类是奢侈基因。实验研究证明，细胞分化是奢侈基因选择性表达的结果。

2. 影响细胞分化的因素　影响细胞分化的因素有其内在的分子基础，例如基因选择性表达、与细胞分化有关的基因、细胞质的作用和细胞核的作用等，也有其外界因素，例如细胞间的相互作用、激素和外环境等。

3. 干细胞　在成体的许多组织中都保留一部分未分化的细胞，一旦需要，这些细胞便可按发育途径，先进行细胞分裂，然后分化产生分化细胞。机体中具有分裂增殖能力，并能分化形成一种以上"专业"细胞的原始细胞就称为干细胞。生物体内主要的干细胞有胚胎干细胞和成体干细胞，后者包括造血干细胞、神经干细胞、表皮干细胞和间充质干细胞等。

二、细胞衰老

1. 细胞衰老的概念　细胞衰老和死亡是一种常见的生命现象，是机体发生在细胞水平的两个完全不同的分子事件。细胞衰老是细胞生命活动中的基本规律，但与有机体衰老既有区别又有联系。细胞衰老是指组成细胞的化学物质在运动中不断受到内外环境的影响而发生损伤，造成细胞功能退行性下降而老化的过程。研究细胞衰老与死亡的机制对于了解个体发育、基因的表达与调控、疾病的发生与防治、机体的衰老与死亡等都具有极其重要的意义。

2. 细胞衰老的特征　细胞衰老是细胞内生理和生化发生复杂变化的过程，最终反映在细胞的形态、结构和功能上的变化。细胞衰老主要表现为对环境变化适应能力的降低和维持细胞内环境恒定能力的降低，可出现形态学变化也可出现功能紊乱，如细胞膜体系、细胞器及细胞内大分子的合成等都会发生很大变化，总体表现为细胞生长停止，仍保持代谢功能。

3. 细胞衰老的机制　细胞衰老可能是多种内因和外因共同作用的结果。有关细胞衰老原因的学说有很多，如自由基理论、遗传程序论、端粒学说、神经内分泌 – 免疫调节学说等。

三、细胞死亡

1. 细胞死亡的概念和形式　细胞死亡是细胞受到损伤且影响到细胞核时，细胞呈现代谢停止、结构破坏和功能丧失等不可逆变化的现象。细胞死亡如同细胞生长、增殖、分化一样,都是细胞正常的生命活动现象,也是细胞衰老的最终结果。细胞死亡主要有细胞坏死和细胞凋亡两种形式,它们是多细胞生物体内细胞的两种完全不同的死亡形式,它们在促成因素、细胞形态、炎症反应等方面都有本质的区别。

2. 细胞凋亡的特征　　细胞凋亡是细胞在生理或病理的条件下由基因控制的自主有序的死亡,是一种主动的过程,又称为程序性细胞死亡。细胞凋亡是生物界普遍存在的一种细胞死亡方式。凋亡初期,细胞表面的特化结构及细胞间的连接结构消失,细胞与相邻细胞脱离,细胞质和染色质固缩,细胞膜皱缩,染色质向核边缘移动,致使染色质边缘化;之后细胞核裂解为碎块,细胞膜内陷,将细胞自行分割为多个具有膜包围的、内含各种细胞成分的凋亡小体;最后凋亡小体很快被邻近细胞或巨噬细胞识别、吞噬、消化。细胞在发生凋亡时,最早可测的生物化学变化是细胞内钙离子浓度快速、持续地升高。此外,在细胞凋亡的过程中,还涉及一系列生物大分子的合成,例如 RNA 和蛋白质的合成,这说明细胞凋亡的过程有基因的激活和基因表达的参与,而细胞坏死则无此特点。

3. 细胞凋亡的机制　　在细胞凋亡的分子生物学研究过程中,发现有多种基因参与细胞凋亡的基因调控,可分为三类:促进细胞凋亡的基因、抑制细胞凋亡的基因和在细胞凋亡过程中表达的基因。细胞内存在诱导细胞凋亡的信号分子,其来自于线粒体的膜间腔。

通过细胞凋亡,机体维持自身细胞数量上的动态平衡,消灭威胁机体生存的细胞,对于使机体成为一个完善的个体具有重要的生物学意义。

【难点解析】

一、细胞分化的分子基础

细胞分化是按照受控基因程序进行基因表达的结果。在个体发育过程中,细胞内的全部基因并不是同时进行表达的,而是受控在一定时间、一定空间上表达的。在个体发育的过程中,在一定时空上,有的基因在进行表达,有的基因处于沉默状态;而在另一时空上,原来有活性的基因则可能继续处于活性状态,也可能关闭,而原来处于关闭状态的基因也可能被激活处于活性状态。在任何时间一种细胞仅有特定的少数基因在进行表达,大部分基因处于失活状态。这种在个体的发育过程中,细胞中的基因并不全部表达,而是在一定时空顺序上发生有选择性地表达的现象称为基因选择性表达。基因选择性表达形成不同的细胞产物,由于细胞产物不同,细胞形态功能出现差异,形成不同类型的细胞,因此基因选择性表达是细胞分化的根本原因。

细胞内与分化有关的基因按功能可以分为管家基因和奢侈基因两大类。管家基因在不同类型及不同发育阶段的细胞中都处于活性状态,表达维持细胞生存所必需的、各类细胞普遍共存的蛋白质,例如膜蛋白、核糖体蛋白、线粒体蛋白、糖酵解酶、组蛋白等。管家基因对细胞分化只起支持作用。奢侈基因的编码产生对细胞分化起直接作用的各种特异性蛋白质,例如肌细胞中的肌球蛋白和肌动蛋白、表皮细胞中的角蛋白、红细胞中的血红蛋白等;这类基因在不同类型及不同发育阶段细胞中的表达是选择性表达,使不同发育阶段及不同类型的细胞中出现特异性的蛋白质,从而表现出特定的形态结构、生化特征及生理功能。实验研究证明,细胞分化是奢侈基因特异性表达的结果。

二、细胞分化与胚胎诱导的关系

多细胞生物的细胞分化是在细胞间的彼此影响下进行的。因此,细胞间的相互作用对细胞分化有较大影响。

在胚胎发育过程中,一部分细胞对邻近的另一部分细胞产生影响,并决定其分化方向的作用,称为胚胎诱导。胚胎诱导一般发生在中胚层与内胚层、中胚层与外胚层之间。从诱导的层次上看,可分为初级诱导、次级诱导和三级诱导。脊椎动物的组织分化和器官形成是一系列多级胚胎诱导的结果。眼的发生是胚胎诱导的典型例证:中胚层脊索诱导外胚层细胞向神经方向分化,神经板产生,这是初级诱导;神经板卷折成神经管后,其头端膨大的原脑视杯可以诱导其外表面覆盖的外胚层形成眼晶状体,这是次级诱导;晶状体进一步诱导其外面的外胚层形成角膜,这是三级诱导,最终形成眼球。

三、细胞衰老的自由基理论

自由基是指那些在原子核外层轨道上具有不成对电子的分子或原子基团,在正常条件下,自由基是在机体代谢过程中产生的。正常生理状态下,细胞内存在清除自由基的防御系统,可以通过维生素 E 和维生素 C 的抗氧化分子作用,有效地阻止过多自由基产生;同时,可通过超氧化物歧化酶(SOD)和过氧化氢酶(CAT)等分解清除细胞内过多的自由基。

细胞中的自由基若不能被及时清除,则会对细胞产生严重的损伤,使生物膜的不饱和脂肪酸过氧化形成过氧化脂质,破坏膜上酶的活性,使生物膜脆性增加,流动性降低,膜性细胞器受损,功能活动降低;使产生的过氧化脂质与蛋白质结合,形成脂褐质,沉积在神经细胞和心肌细胞,影响细胞正常功能;使 DNA 发生断裂、交联、碱基羟基化、碱基切除等,干扰 DNA 的正常复制与转录;使蛋白质变性,降低各种酶或蛋白质活性。以上各种变化都会加速细胞的衰老。辐射、生物氧化、空气污染,以及细胞内的酶促反应等都可影响自由基的产生。

四、细胞凋亡的机制

细胞凋亡是细胞在基因控制下的自主有序的死亡。在细胞凋亡的分子生物学研究过程中,发现有多种基因参与细胞凋亡的基因调控,大约分三类,即促进细胞凋亡的基因、抑制细胞凋亡的基因和在细胞凋亡过程中表达的基因。这些基因的确定主要来自对昆虫、啮齿动物和病毒的研究,这些研究对于我们了解哺乳动物和人类的细胞凋亡的规律有重要的启示。细胞内存在诱导细胞凋亡的信号分子,一般认为这些信号分子来自于线粒体的膜间隙。当线粒体的外膜在损伤性因子的作用下受损时,外膜通透性会增加或肿胀破裂,向细胞质中释放上述因子,诱导细胞凋亡。最后,细胞之中的结构蛋白和细胞核染色质降解,核纤层解体,细胞凋亡,即细胞内信号诱导的细胞凋亡途径。

【练习题】

一、名词解释

1. 细胞分化
2. 奢侈基因
3. 管家基因

4. 细胞全能性

5. 干细胞

6. 细胞衰老

7. 细胞死亡

8. 细胞凋亡

二、选择题

（一）单选题（A1 型题）

1. 要产生不同类型的细胞需通过（　　　）

    A. 有丝分裂　　　　　　B. 减数分裂　　　　　　C. 细胞分化

    D. 细胞去分化　　　　　E. 细胞分裂

2. 高等动物的细胞分化更多的由（　　　）直接支配

    A. 环境因素　　　　　　B. 细胞诱导　　　　　　C. 细胞抑制

    D. 激素　　　　　　　　E. 基因

3. 在表达过程中不受时间限制的基因是（　　　）

    A. 管家基因　　　　　　B. 奢侈基因　　　　　　C. 免疫球蛋白基因

    D. 血红蛋白基因　　　　E. 分泌蛋白基因

4. 从分子水平看，细胞分化的实质是（　　　）

    A. 特异性蛋白质的合成　B. 基本蛋白质的合成　　C. 结构蛋白质的合成

    D. 酶蛋白质的合成　　　E. 以上都不是

5. 表皮细胞产生的特异性蛋白是（　　　）

    A. 血红蛋白　　　　　　B. 收缩蛋白　　　　　　C. 角蛋白

    D. 分泌蛋白　　　　　　E. 核糖体蛋白

6. 肌肉细胞产生的特异蛋白是（　　　）

    A. 血红蛋白　　　　　　B. 角蛋白　　　　　　　C. 收缩蛋白

    D. 分泌蛋白　　　　　　E. 核糖体蛋白

7. 红细胞表达旺盛的基因是（　　　）

    A. 角蛋白基因　　　　　B. 收缩蛋白基因　　　　C. 分泌蛋白基因

    D. 血红蛋白基因　　　　E. 以上都是

8. 细胞分化的实质是（　　　）

    A. 核遗传物质不均等　　B. 染色体丢失　　　　　C. 基因扩增

    D. DNA 重排　　　　　　E. 基因的选择性表达

9. 下列哪类细胞具有分化能力（　　　）

    A. 胚胎细胞　　　　　　B. 肾细胞　　　　　　　C. 心肌细胞

    D. 神经细胞　　　　　　E. 肝细胞

10. 机体中寿命最长的细胞是（　　　）

    A. 红细胞　　　　　　　B. 表皮细胞　　　　　　C. 白细胞

    D. 上皮细胞　　　　　　E. 神经细胞

11. 下列细胞表现出最高全能性的是（　　　）

    A. 卵细胞　　　　　　　B. 精子　　　　　　　　C. 体细胞

D. 受精卵　　　　　　　　　E. 上皮细胞

12. 远距离细胞之间的分化调节作用是通过(　　)完成的

A. 细胞诱导　　　　　　B. 细胞移植　　　　　　　C. 激素

D. 细胞黏附因子　　　　E. 细胞识别

13. 一种组织类型的干细胞在一定条件下可以分化为另一种组织类型的细胞,称干细胞的(　　)

A. 分化　　　　　　　　B. 去分化　　　　　　　　C. 转分化

D. 高分化　　　　　　　E. 再分化

14. 细胞的衰老和机体的衰老是(　　)

A. 一个概念　　　　　　B. 两个概念　　　　　　　C. 两者无联系

D. 后者是前者的基础　　E. 以上都不对

15. 在衰老细胞中增多的细胞器是(　　)

A. 细胞核　　　　　　　B. 线粒体　　　　　　　　C. 内质网

D. 中心体　　　　　　　E. 溶酶体

16. 在衰老细胞中细胞核的(　　)

A. DNA 分子量上升　　　　　　　　B. DNA 分子量下降

C. DNA 分子量不变　　　　　　　　D. DNA 和组蛋白的结合减少

E. 核小体上重复排列的碱基对减少

17. 衰老细胞的特征之一是常出现固缩的结构是(　　)

A. 核仁　　　　　　　　B. 细胞核　　　　　　　　C. 染色体

D. 脂褐质　　　　　　　E. 线粒体

18. 离体细胞也有一定的寿命,其寿命长短不取决于培养的天数,而取决于培养细胞的(　　)

A. 营养状况　　　　　　B. 平均代数即群体倍增次数

C. 体积　　　　　　　　D. 数目

E. 形状

19. 小鼠细胞体外培养平均分裂次数为(　　)

A. 25 次　　　　　　　　B. 140 次　　　　　　　　C. 12 次

D. 50 次　　　　　　　　E. 100 次

20. 如果条件适宜,体外培养的细胞分裂次数是(　　)

A. 无限的　　　　　　　B. 有限的　　　　　　　　C. 根据细胞数目而定

D. 根据生长密度而定　　E. 根据细胞体积而定

21. 细胞中许多氧化物的代谢主要是在(　　)进行的,它是许多自由基的发生部位

A. 核糖体　　　　　　　B. 溶酶体　　　　　　　　C. 线粒体

D. 高尔基复合体　　　　E. 内质网

22. 神经免疫调节论认为人体的"衰老生物钟"是(　　)

A. 海马旁回　　　　　　B. 齿状回　　　　　　　　C. 胸腺

D. 小脑　　　　　　　　E. 下丘脑

23. 迅速判断细胞是否死亡的方法是(　　)

A. 形态学改变　　　　　B. 功能状态检测　　　　　C. 繁殖能力检测

D. 活性染色法　　　　　　E. 内部结构观察

24. 细胞凋亡的形态学特征是（　　）

A. 染色质 DNA 的降解　　　　　　B. RNA 和蛋白质等大分子的合成

C. 钙离子浓度升高　　　　　　D. 核酸内切酶的参与

E. 细胞被分割成数个由质膜包裹的凋亡小体

25. 在受到一定刺激时,细胞发生凋亡而并非坏死,其有利方面主要在于（　　）

A. 凋亡比坏死费时更长,受累细胞可以最大限度地发挥生理功能

B. 条件适宜时,凋亡小体可以融合而使细胞复活

C. 不引起炎症反应,避免招致邻近组织细胞损伤

D. 凋亡细胞主动发生皱缩并进一步被吞噬,为存活细胞更早腾出生存空间

E. 细胞凋亡是可控制的死亡,视环境不同,凋亡过程可随时终止或逆转

26. 在一般情况下,细胞的程序性死亡是（　　）

A. 坏死　　　　　　B. 病理性死亡　　　　　　C. 衰老性死亡

D. 凋亡　　　　　　E. 以上都不是

27. 细胞分化不同于细胞增殖的主要特点（　　）

A. 细胞的数量增多　　　　　　B. 细胞的体积增大

C. 细胞的化学成分含量的变化　　　　　　D. 能形成各种不同的细胞和组织

E. 能形成相同的细胞

28. 细胞分化过程中,不会出现（　　）

A. 细胞表面结构的改变　　　　　　B. 细胞器种类和数量的改变

C. 蛋白质种类和数量的改变　　　　　　D. 细胞核遗传物质的改变

E. 细胞形态结构的改变

29. 生物体内细胞没有表现出全能性,原因是（　　）

A. 细胞丧失了全能性　　　　　　B. 基因的表达有选择性

C. 基因发生了变化　　　　　　D. 不同细胞基因不同

E. 细胞暂不增殖

30. 人胰岛细胞能产生胰岛素,但不能产生血红蛋白,据此推测胰岛细胞中（　　）

A. 只有胰岛素基因

B. 比人受精卵的基因要少

C. 既有胰岛素基因,也有血红蛋白基因和其他基因

D. 有胰岛素基因和其他基因,但没有血红蛋白基因

E. 有胰岛素基因和血红蛋白基因,但没有其他基因

（二）多选题（X 型题）

1. 影响细胞分化的细胞外因素是（　　）

A. 细胞诱导　　　　　　B. 核基因　　　　　　C. 细胞抑制

D. 外环境　　　　　　E. 激素

2. 维持细胞生命活动必需的管家蛋白是（　　）

A. 膜蛋白　　　　　　B. 分泌蛋白　　　　　　C. 核糖体蛋白

D. 线粒体蛋白　　　　　　E. 血红蛋白

3. 激素作用的特点是（　　）

A. 靶细胞的特异性

B. 高效性

C. 特别适合协调机体广泛和复杂的发育过程

D. 对不同的靶细胞有不同的作用

E. 激素一般量较多

4. 自由基在体内有解毒作用,但更多的是有害作用,主要表现为( )

　　A. 使生物膜的不饱和脂肪酸发生过氧化,形成氧化脂质,使膜的流动性降低

　　B. 使 DNA 发生氧化破坏或交联,使核酸变性,扰乱 DNA 的正常复制与转录

　　C. 过氧化脂质与蛋白质结合,形成脂褐质,影响细胞功能

　　D. 加速细胞衰老

　　E. 使蛋白质变性

5. 关于神经干细胞,叙述准确的是( )

　　A. 大多为梭形　　　　　　　　　　B. 不能自我更新

　　C. 多向分化潜能　　　　　　　　　D. 低免疫原性

　　E. 可以与宿主的神经组织良好融合

6. 具有延缓衰老作用的是( )

　　A. 磷脂酰胆碱　　　　　B. SOD　　　　　　　　C. 维生素 E

　　D. 脑磷脂　　　　　　　E. 巯基乙胺

7. 根据自由基理论,下列属于保护性的酶有( )

　　A. 琥珀酸脱氢酶　　　　B. 超氧化物歧化酶　　　　C. 葡萄糖苷酶

　　D. 酸性磷酸酶　　　　　E. 过氧化氢酶

8. 下列属于细胞凋亡特征的是( )

　　A. 核染色质固缩　　　　　　　　　B. DNA 电泳图谱为膜状电泳

　　C. 一般无炎症反应　　　　　　　　D. 细胞器一般损伤、丢失

　　E. 需要特异信号介导途径

9. 下列属于细胞坏死特征的是( )

　　A. 胞质浓缩,内质网扩张　　　　　B. 细胞破裂,胞质溢出

　　C. 细胞皱缩,片段化　　　　　　　D. 细胞溶解

　　E. 没有蛋白质合成

10. 细胞衰老的特征有( )

　　A. 物质运输功能降低　　B. 胞吞功能减弱　　　　C. 线粒体数量减少

　　D. 酶活性降低　　　　　E. 代谢活动旺盛

11. 哺乳动物成熟红细胞不能分裂且寿命短的原因是( )

　　A. 失去了细胞核　　　　B. 无线粒体　　　　　　C. 不能再合成血红蛋白

　　D. 分化程度不高　　　　E. 无内膜系统

12. 关于细胞分化的叙述错误的是( )

　　A. 分化是因为遗传物质丢失　　　　B. 分化是因为基因扩增

　　C. 分化是因为基因重组　　　　　　D. 分化是转录水平的控制

　　E. 分化是翻译水平的控制

13. 在细胞凋亡的叙述中正确的是( )

A. 细胞凋亡是坏死　　　B. 是病理性死亡　　　C. 是衰老死亡

D. 是程序性死亡　　　E. 形成凋亡小体

三、填空题

1. 细胞分化是同一来源的细胞通过细胞分裂在_____和_____上产生稳定性差异的过程。

2. 根据基因与细胞分化的关系,将基因分为_____和_____两大类。

3. 细胞分化的特点有_____、_____、_____和_____。

4. 按分化潜能大小干细胞可分为_____、_____和_____三大类。

5. 干细胞的增殖特性为_____和_____。

6. 细胞死亡的形式有_____和_____。

7. 细胞凋亡是_____的细胞死亡。

8. 细胞凋亡是受_____控制的。

9. 在细胞染色时,中性红一般染_____,台盼蓝染_____。

10. 细胞凋亡不会导致细胞全面_____和_____,而是以_____形式被邻近细胞_____并_____。不能引起_____反应。

四、问答题

1. 何为基因的选择性表达? 基因的选择性表达有何意义?

2. 什么是胚胎诱导? 举例说明胚胎诱导对细胞分化的作用。

3. 简述细胞衰老的特征。

4. 细胞凋亡与细胞坏死有什么区别?

【参考答案】

一、名词解释

1. 细胞分化　受精卵经过卵裂产生的同源细胞在形态、生理功能和蛋白质合成方面发生稳定性差异的过程称为细胞分化。

2. 奢侈基因　是与各种分化细胞的特殊形状有直接关系的基因,只在特定的分化细胞中表达,常受时间和空间的限制,丧失这种基因对细胞的生存并无直接影响。如编码血红蛋白的基因。

3. 管家基因　在不同类型及不同发育阶段的细胞中都处于活性状态的基因,表达维持细胞生存所必需的、各类细胞普遍共存的蛋白质,如膜蛋白。管家基因与细胞分化的关系不大,对细胞分化只起支持作用。

4. 细胞全能性　单个细胞在一定条件下分化发育成为完整个体的能力。

5. 干细胞　成体的许多组织中都保留一些未分化的细胞,当机体需要时,这些细胞便可按发育的途径分裂分化产生特定的细胞。机体组织中这些具有分裂增殖能力、并能分化形成一种以上"专业"细胞的原始细胞称为干细胞。

6. 细胞衰老　是指组成细胞的化学物质在运动中不断受到内外环境的影响而发生损伤,造成细胞功能退行性下降而老化的过程。

7. **细胞死亡** 是指细胞生命现象不可逆的停止。

8. **细胞凋亡** 是细胞在生理或病理条件下由基因控制的自主有序的死亡,是一种主动的过程,又称为程序性细胞死亡。

二、选择题

(一)单选题(A1 型题)

1. C 2. E 3. A 4. A 5. C 6. C 7. D 8. E 9. A 10. E 11. D 12. C
13. C 14. B 15. E 16. B 17. B 18. B 19. C 20. B 21. C 22. E 23. D 24. E
25. C 26. D 27. D 28. D 29. B 30. C

(二)多选题(X 型题)

1. ACDE 2. ACD 3. ABCD 4. ABCDE 5. ACDE 6. BCD 7. BE 8. ACE
9. BDE 10. ABCD 11. ABCE 12. ABCE 13. DE

三、填空题

1. 结构;功能

2. 管家基因;奢侈基因

3. 稳定性与不可逆性;普遍性;持久性;遗传物质的不变性

4. 全能干细胞;多能干细胞;专能干细胞

5. 缓慢性;自稳定性

6. 细胞坏死;细胞凋亡

7. 生理性或程序性

8. 基因

9. 活细胞;死细胞

10. 崩溃;溶解;凋亡小体;吞噬;消化;炎症

四、问答题

1. 基因的选择性表达是在个体发育过程中,细胞中的基因并不全部表达,而是在一定时空顺序上发生有选择性表达的现象。

基因的选择性表达的意义为:每一细胞中都存在着决定一个生物所有遗传性状的全部基因,在个体发育过程中,细胞内的全部基因并不是同时进行表达,而是受控在一定时间、一定空间上表达,其中绝大部分处于关闭状态,仅少数能发挥作用。在细胞分化过程中,发挥功能的基因总不同步,即差异表达,形成不同的细胞产物。由于细胞产物不同,细胞形态功能出现差异,形成不同类型的细胞,因此基因的差异表达是细胞分化的根本原因。

2. 在胚胎发育过程中,一部分细胞对邻近的另一部分细胞产生影响,并决定其分化方向的作用称为胚胎诱导。目前已经知道,人体的许多器官,如胃、皮肤等的形成都是相应的胚层间细胞诱导的结果。

眼的发生是胚胎诱导的典型例证:中胚层脊索诱导外胚层细胞向神经方向分化,神经板产生,这是初级诱导;神经板卷折成神经管后,其头端膨大的原脑视杯可以诱导其外表面覆盖的外胚层形成眼晶状体,这是次级诱导;晶状体进一步诱导其外面的外胚层形成角膜,这是三级诱导,最终形成眼球。

3. 细胞衰老的特征是指细胞内水分减少导致细胞皱缩、体积变小；色素颗粒积累；蛋白质合成速率下降，酶活性改变；染色质的转录活性下降；细胞核体积增大、染色变深；核膜内折，而且内折的程度随年龄增长而增加，最后可能导致核膜崩解；染色质凝聚、固缩。细胞膜磷脂含量下降，卵磷脂与鞘磷脂的比值则随年龄增长而下降，导致膜流动性降低。

4. 细胞坏死和细胞凋亡的区别

区别点	细胞坏死	细胞凋亡
促成因素	强酸、强碱、高热、辐射等严重损伤	生理或病理性
范围	大片组织或成群细胞	单个散在细胞
调节过程	被动进行	受基因调控
细胞形态	肿胀、变大	皱缩、变小
细胞膜	通透性增加、破裂	完整、皱缩、内陷
细胞器	受损	无明显变化
DNA	随机降解，电泳图谱呈涂抹状	有控降解，电泳图谱呈梯状
蛋白质合成	无	有
凋亡小体	无，细胞自溶，残余碎片被巨噬细胞吞噬	有，被邻近细胞或巨噬细胞吞噬
炎症反应	有	一般无

（唐鹏程）

第十一章 医学遗传学概述

【内容要点】

一、医学遗传学的基本概念

医学遗传学是医学与遗传学相结合的一门边缘学科，是人类遗传学的一个组成部分。医学遗传学主要研究人类遗传性疾病的发生机制、传递方式及遗传基础，为遗传病及相关疾病的诊断、预防、治疗及预后提供科学依据，从而控制遗传病在家庭或群体中的再发，降低其在人群中的危害，改善人类健康水平，提高人口素质。

二、遗传病的概述

1. 遗传病的概念　遗传病是遗传性疾病的简称，是细胞中的遗传物质发生改变所引起的疾病，可在上、下代之间按一定的方式传递。

2. 遗传病的特征

（1）遗传性：即从上一代遗传给下一代的垂直传递，但并非所有遗传病在家系中都可以看到这一现象。因为隐性遗传的致病基因虽然是垂直传递，但是携带者表型正常，看不到垂直传递现象；有些遗传病病人，由于在生育年龄以前就死亡或者不育，因此观察不到垂直传递现象。

（2）终身性：虽然治疗可以减轻病人的症状，但是不能改变其遗传物质，所以大多数遗传病仍无法根治。

（3）先天性：遗传病是由于遗传物质改变而造成的疾病，具有先天性，是指个体出生时就表现的疾病，如果出生时表现为机体或某些器官系统的结构异常则称为先天畸形。这类疾病或畸形有的是遗传病，有的则是胚胎发育过程中环境因素引起的，不是遗传病。

（4）家族性：遗传性疾病常可表现为家族性。家族性疾病是指某种表现出家族聚集现象的疾病，一个家族中有多个成员患同一疾病。家族性疾病不一定都是遗传病，遗传病有时也看不到家族聚集性。

3. 遗传病的分类　遗传病是细胞中遗传物质的改变所致，遗传物质的改变包括染色体、核 DNA 及线粒体 DNA 的改变。根据遗传物质改变方式不同，将遗传病分为单基因遗传病、多基因遗传病、染色体病、线粒体基因病、体细胞遗传病。

（1）单基因遗传病：单基因遗传病是指由一对等位基因发生突变所引起的疾病。根据致病基因所在的染色体不同以及显性和隐性的区别，又可将单基因遗传病分为常染色体显性遗传病、常染色体隐性遗传病、X 连锁显性遗传病、X 连锁隐性遗传病、Y 连锁遗传病。

（2）多基因遗传病：多基因遗传病是受多对基因控制，并有环境因素共同影响所导致的疾病,一般具有家族聚集性。

（3）染色体病:染色体病指人类染色体数目异常或结构畸变导致的遗传性疾病。由于生殖细胞或受精卵早期分裂过程中发生了染色体畸变,导致胚胎细胞的染色体数目或结构异常,造成胚胎发育异常,产生一系列临床症状。根据染色体异常的类型又可以分为常染色体病（又称常染色体综合征）和性染色体病（又称性染色体综合征）。

（4）线粒体基因病:是指由于线粒体 DNA 发生突变引起的疾病,具有母系遗传和阈值效应的特点。

（5）体细胞遗传病:是指体细胞中遗传物质改变所致的疾病,一般不向后代传递,例如肿瘤的发生属体细胞遗传病的一种。

4. 疾病发生中的遗传因素与环境因素

（1）遗传因素在疾病的发生过程中起主导作用。例如甲型血友病、白化病等。

（2）基本上由遗传因素决定,但需要环境中的诱因,即遗传因素提供了疾病发生的必要遗传背景,环境因素促使疾病表现出相应的症状。例如苯丙酮尿症、葡萄糖 –6– 磷酸脱氢酶缺乏症（俗称蚕豆病）等。

（3）环境因素和遗传因素共同作用,对发病产生影响,遗传度各不相同。例如唇裂、腭裂、先天性幽门狭窄,遗传度约 75%;先天性心脏病、消化性溃疡等遗传度约 40%。

（4）疾病的发生取决于环境因素,例如各种烈性传染病中的霍乱、急性呼吸系统综合征。烧伤、烫伤等意外伤害与遗传因素无关,但其损伤的修复与个体遗传基础有关。

5. 遗传病的危害　遗传病病种增长速度快、遗传病发病率高;遗传病已成为婴儿死亡的主要原因;遗传病是导致智力低下的主要原因之一;遗传病是不孕不育、流产的主要原因之一;致病基因携带者对人类健康构成潜在性威胁。

【难点解析】

遗传病、家族性疾病、先天性疾病之间的联系与区别。

1. 遗传病　遗传病是细胞中的遗传物质发生改变所引起的疾病,可在上、下代之间按一定的方式传递,但不是任何遗传物质的改变都可以传给下一代的,只有生殖细胞或者受精卵的遗传物质的改变才有可能传递给下一代,而发生在体细胞内的遗传物质突变则不会在上、下代之间传递,但这种突变可经过细胞分裂传递给子细胞,导致体细胞遗传病。

2. 家族性疾病　家族性疾病是指某种表现出家族聚集现象的疾病,一个家族中有多个成员患同一疾病。有人把家族性疾病都认为是遗传病,这是一种误解。首先,一些常染色体隐性遗传病通常不表现家族聚集性而是散发的;一些罕见的常染色体显性遗传病或 X 连锁遗传病也可能是由于基因突变所致,加之一对夫妇只生一个孩子,所看到的往往也是散发病例。其次,一些环境因素所致的疾病,由于同一家族成员生活环境相同,也会表现出发病的家族性聚集。例如缺碘导致的甲状腺肿,在某一地区或某一家族中聚集,但是缺碘引起的甲状腺肿不是遗传病;夜盲也常有家族性,但并非遗传病,而是由于维生素 A 缺乏所致。所以,家族性疾病不一定都是遗传病,遗传病有时也看不到家族的聚集性。

3. 先天性疾病　先天性疾病是指一个个体出生时就表现的疾病,如果出生时表现为机体或某些器官系统的结构异常则称为先天畸形。这类疾病或畸形有的是遗传病,有的则是胚胎发育过程中环境因素引起的,不是遗传病。例如,孕妇怀孕期间感染风疹病毒可导致胎儿先天性心脏病,孕妇服用反应停缓解妊娠反应可导致胎儿畸形,这些不属于遗传病;而唇裂和腭裂、先天性巨结肠、脊柱裂等则是遗传因素所致,就属于遗传病。当然,遗传病也不一定出生时就表现出症状,有的遗传病,出生时毫无症状,而是到一定年龄才发病,例如甲型血友病一般在儿童期发病,Huntington 舞蹈病一般在 25~45 岁发病,痛风好发于 30~35 岁,先天性家族性多发性结肠息肉一般在青壮年期发病,成年型多囊肾在中年后发病。

综上所述,遗传病具有遗传性,且多表现为先天性疾病,遗传病也往往表现为家族性疾病。但是遗传病并非完全等同于先天性疾病或家族性疾病,在胚胎发育过程中由环境因素引起的疾病就不是遗传病,由一些环境因素所致的家族性疾病也不是遗传病。遗传病与家族性疾病和先天性疾病之间既有联系又有区别,所以在认识遗传病时应注意将家族性疾病、先天性疾病与遗传病加以区别。

【练习题】

一、名词解释

1. 医学遗传学
2. 遗传病
3. 家族性疾病
4. 先天性疾病

二、选择题

(一)单项选择题(A1 型题)

1. 遗传病是指(　　)。
   A. 不可医治的疾病　　　　　　　　　B. 先天性疾病
   C. 散发疾病　　　　　　　　　　　　D. 家族性疾病
   E. 遗传物质改变引起的疾病

2. 家族性病是指(　　)。
   A. 出生后即表现出来的疾病　　　　　B. 非遗传性疾病
   C. 遗传性疾病　　　　　　　　　　　D. 具有家族聚集现象的疾病
   E. 先天畸形

3. 染色体畸变所导致的疾病称为(　　)。
   A. 单基因病　　　　　　B. 体细胞遗传病　　　　　C. 染色体病
   D. 线粒体病　　　　　　E. 多基因病

4. 由多对基因与环境共同作用所致的疾病称为(　　)。
   A. 多基因病　　　　　　B. 染色体病　　　　　　　C. 线粒体病
   D. 单基因病　　　　　　E. 体细胞遗传病

5. 体细胞中遗传物质改变导致的疾病称为(　　)。
   A. 染色体病　　　　　　B. 线粒体病　　　　　　　C. 单基因病
   D. 多基因病　　　　　　E. 体细胞遗传病

(二)多选题(X 型题)

1. 染色体病包括(　　)。

A. Y连锁遗传病　　　　B. 常染色体综合征　　　C. 性染色体连锁遗传病

D. 性染色体综合征　　　E. 常染色体连锁遗传病

2. 判断是否是遗传病的指标为(　　)。

A. 病人亲属发病率随亲属级别下降而上升

B. 病人亲属发病率随亲属级别下降而下降

C. 病人血缘亲属发病率高于非血缘亲属

D. 病人血缘亲属发病率不随亲属级别变化而变化

E. 病人家族成员发病率高于一般群体

3. 遗传病的特征多表现为(　　)。

A. 先天性　　　　　　　　　　　　B. 传染性

C. 同卵双生率高于异卵双生率　　　D. 家族性

E. 不累及非血缘关系者

4. 先天性疾病是指(　　)。

A. 先天畸形　　　　　　　　　　　B. 家族性疾病

C. 非遗传性疾病　　　　　　　　　D. 遗传性疾病

E. 出生后即表现出来的疾病

5. 遗传病的发生涉及(　　)。

A. DNA　　　　　　　B. 染色体　　　　　　C. 糖

D. 基因　　　　　　　E. 环境因素

三、填空题

1. 遗传病是_____因素和_____因素共同作用所导致。

2. 根据遗传物质改变方式不同,将遗传病分为_____、_____、_____、_____和_____。

3. 导致染色体病的原因可能是染色体_____或_____异常,染色体病分为_____和_____两大类。

4. 由于线粒体基因突变导致的疾病称为_____,这类疾病表现为_____遗传方式。

四、问答题

1. 遗传病有哪些特征和哪些主要类型?

2. 试述遗传病、家族性疾病、先天性疾病之间的关系。

【参考答案】

一、名词解释

1. 医学遗传学　　是医学与遗传学相结合的一门边缘学科,是人类遗传学的一个组成部分。它主要研究人类遗传性疾病的发生机制、传递方式及遗传基础,为遗传病及相关疾病的诊断、预防、治疗及预后提供科学依据的科学。

2. 遗传病　　是细胞中的遗传物质发生改变所引起的疾病,可在上、下代之间按一定方式传递。

3. 家族性疾病 是指某种表现出家族聚集现象的疾病,一个家族中有多个成员患同一疾病,分为遗传性和非遗传性两种类型。

4. 先天性疾病 是指一个个体出生时就表现的疾病,分为遗传性和非遗传性两种类型。

二、选择题

(一)单选题(A1 型题)

1. E 2. D 3. C 4. A 5. E

(二)多选题(X 型题)

1. BD 2. BCE 3. ACDE 4. AE 5. ABDE

三、填空题

1. 遗传;环境
2. 单基因遗传病;多基因遗传病;染色体病;线粒体基因病;体细胞遗传病
3. 结构;数目;常染色体综合征;性染色体综合征
4. 线粒体病;母系

四、问答题

1. 遗传病具有遗传性,即从上一代遗传给下一代的垂直传递;遗传物质的改变是遗传病发病的根本原因,是垂直传递的物质基础,也是遗传病不同于其他疾病的依据。遗传物质的改变包括细胞核中的基因突变、染色体畸变和细胞质中线粒体 DNA 的改变;遗传病具有终生性,虽然治疗可以减轻病人的症状,但是不能改变其遗传物质,所以大多数遗传病仍无法根治。

遗传病的主要类型有单基因遗传病、多基因遗传病、染色体病、线粒体基因病和体细胞遗传病。

2. 遗传病是细胞中的遗传物质发生改变所引起的疾病,可在上、下代之间按一定的方式传递。先天性疾病是指个体出生时就表现出来的疾病,分为遗传性和非遗传性两种类型。由遗传物质发生改变所致的先天性疾病是遗传病,但是在胚胎发育过程中由环境因素引起的先天性疾病,则不是遗传病。另一方面,并非所有的遗传病都表现为先天性疾病,有些遗传病在出生时并不表现出症状,而是到一定年龄才发病。家族性疾病是指某种表现出家族聚集现象的疾病,即一个家族中有多个成员患同一疾病,可分为遗传性和非遗传性两种类型。显性遗传病的家族聚集现象明显,但隐性遗传病只有致病基因纯合时才发病,呈散发性,即一个家庭中通常只有一个人发病而无明显家族史。另一方面,家族性疾病并不一定都是遗传病,由于同一家族成员生活环境相同,由一些环境因素所致的疾病,也会表现出发病的家族性聚集。

综上所述:遗传病具有遗传性,且多表现为先天性疾病,遗传病也往往表现为家族性疾病。但是遗传病并非完全等同于先天性疾病或家族性疾病,在胚胎发育过程中由环境因素引起的疾病就不是遗传病,由一些环境因素所致的家族性疾病也不是遗传病。遗传病与家族性疾病和先天性疾病之间既有联系又有区别。

(高江原)

第十二章

基因与基因突变

【内容要点】

一、基因与基因组

1. **基因的概念** 基因是遗传物质的结构和功能单位,是一段能够合成一个具有一定功能的多肽链或 RNA 分子所必需的 DNA 序列。

2. **基因的特征** ①基因可以自我复制,以保持遗传的连续性;②基因通过转录和翻译决定多肽链的氨基酸顺序,决定生物的遗传性状;③基因可以发生突变,并在后代细胞中保留下来。

3. **基因组的概念** 基因组是指细胞或生物体的全套遗传信息。人类完整的基因组既包括核基因组,也包括线粒体基因组,通常所说的基因组是指核基因组。核基因组指每个体细胞核中父源或母源的整套 DNA。人类基因组中的 DNA 序列包括单一序列、重复序列。

二、真核生物的结构基因

1. **结构基因的概念及特点** 编码蛋白质的基因称为结构基因。原核生物编码蛋白质的基因核苷酸序列是连续的,称为连续基因;真核生物编码蛋白质的基因包括编码序列和非编码序列两部分,编码序列被非编码序列隔开,形成镶嵌排列的断裂形式,称为断裂基因。

2. **结构基因的组成** 真核细胞的结构基因主要由外显子、内含子和侧翼序列所组成。外显子是基因中的编码序列,内含子是相邻两个外显子之间的非编码序列,外显子和内含子相间排列构成编码区。每个基因第一个外显子的上游和最末一个外显子的下游,都有一段不编码的 DNA 序列,称为侧翼序列。在 5′ 端有启动子、增强子等,在 3′ 端有终止子。侧翼序列虽不编码氨基酸,但对基因表达有调控作用。

三、基因的功能

基因的功能包括三方面:储存遗传信息、遗传信息的扩增和传代、表达遗传信息。

1. **遗传信息的储存** DNA 分子中碱基对的排列顺序蕴藏着遗传信息,基因在转录时通过碱基互补配对可将其储存的遗传信息传递给 mRNA,表现为 mRNA 的碱基排列顺序。mRNA 分子上每 3 个相邻的碱基序列构成一个三联体,决定编码某种氨基酸,称为遗传密码或密码子。64 个密码子中,61 个密码子编码 20 种氨基酸,其余 3 个为肽链合成的终止信号。遗传密码具有通用性、简并性、方向性和连续性。

2. **基因的复制** 基因复制是通过 DNA 的自我复制实现的,其过程发生在细胞周期的 S 期。复制需要解旋酶、引物酶、DNA 拓扑异构酶、DNA 聚合酶、DNA 连接酶等,分别在解开

DNA 双螺旋、催化 DNA 延长反应、DNA 链切口处生成磷酸二酯键等过程中发挥作用。基因复制具有互补性、半保留性和半不连续性的特点。

3. 基因的表达　基因表达是指把基因中所储存的遗传信息,转变为多肽链的特定氨基酸种类和序列,从而决定生物性状(表型)的过程。基因表达包括两个步骤:①以 DNA 为模板转录形成 mRNA;②将遗传信息翻译成多肽链中相应的氨基酸种类和序列。真核生物中,转录在细胞核中进行,翻译在细胞质中进行。

(1)转录:是指在 RNA 聚合酶的催化下,以 DNA 为模板,合成 RNA 的过程。mRNA 的成熟包括戴帽、加尾、剪接等加工过程。

1)戴帽:是指在初始转录物的 5′ 端的第一个核苷酸前加上一个 7- 甲基鸟嘌呤核苷酸帽子结构。

2)加尾:是在 mRNA 前体 3′ 端加上 200 个左右的腺苷酸,形成 poly A 尾巴,此序列加在加尾序列信号 AAUAAA 后面。

3)剪接:剪接是指在酶的作用下,按 GU-AG 法则将 mRNA 含有的内含子转录序列切掉,然后将各个外显子转录的序列按顺序连接起来的过程。

剪接、戴帽、加尾等过程是同时进行的,戴帽和加尾可增强 mRNA 稳定性,有助于成熟 mRNA 由细胞核进入细胞质,帽子结构使核糖体小亚基易于识别 mRNA,促使二者结合。

(2)翻译:翻译是指 mRNA 将转录的遗传信息"解读"成为蛋白质多肽链氨基酸排列顺序的过程。此过程以 mRNA 为模板,tRNA 为运载体,核糖体为装配场所,众多的蛋白质因子参加,在细胞质中完成。

多肽链合成后需经过进一步加工、修饰才能具有生物活性。加工形式有 N 端加工、氨基酸残基的修饰、亚基聚合和辅基连接、水解修饰等。

四、基因突变

1. 基因突变概念　基因突变是指 DNA 分子碱基对组成或排列顺序的改变。基因突变可发生在个体发育的任何阶段,既可发生在体细胞中,也可发生在生殖细胞中。

2. 基因突变的特性　基因突变一般具有多向性、可逆性、稀有性和有害性。

3. 基因突变的类型　根据基因结构的改变方式,可分为碱基替换、移码突变和动态突变。

4. 基因突变的表型效应　由基因到表型是一个复杂的过程,根据基因突变对机体的影响情况,可将基因突变的表型效应分为下列几种情况:

(1)对机体不产生可察觉的效应。

(2)形成人体正常生化组成上的遗传学差异。

(3)产生有利于机体生存的积极效应。

(4)引起遗传性疾病,严重的致死突变可导致死胎、自然流产或出生后夭折。

5. DNA 损伤的修复方式　DNA 损伤的修复方式主要包括光复活修复、切除修复、重组修复、SOS 修复、错配修复等。

【难点解析】

一、真核生物的结构基因

编码蛋白质的基因称为结构基因。在数量上,真核生物的结构基因数量较多,基因彼此间的大小相差较大。在结构上,真核生物结构基因的核苷酸序列包括编码序列和非编码序列两部分,编码序列在 DNA 分子中是不连续的,被非编码序列隔开,形成镶嵌排列的断裂形式,称为断裂基因。真核细胞的结构基因主要由外显子、内含子和侧翼序列所组成。

外显子是结构基因中的编码序列。内含子是相邻两个外显子之间的非编码序列。从转录起始点到转录终止点之间的 DNA 序列称为转录区。转录区由外显子和内含子组成,两者相间排列构成编码区。编码区内总是以外显子起始,并以外显子结束。每个外显子与内含子的交界处,都存在一段高度保守的一致序列,称为外显子 – 内含子接头,即 5′ 端开始的两个核苷酸为 GT,3′ 端末尾的两个核苷酸都是 AG,称为 GT–AG 法则,是不均一核 RNA(hnRNA)的剪接信号。

侧翼序列是每个断裂基因第一个外显子的上游和最末一个外显子下游不编码的 DNA 序列,在 5′ 端有启动子、增强子等,在 3′ 端有终止子。

启动子是位于结构基因 5′ 端上游的一段特异的 DNA 序列,通常位于基因转录起始点上游 –100bp 范围内,是 RNA 聚合酶的结合部位,能启动并促进转录过程。启动子包括 3 种重要的结构序列:① TATA 框:位于转录起始点上游 –19bp~–27bp 处,由 7 个碱基组成,能与转录因子 TF Ⅱ 结合,再与 RNA 聚合酶Ⅱ形成转录复合物,从而准确地识别转录起始位置,并开始转录。② CAAT 框:位于转录起始点上游 –70bp~–80bp 处,由 9 个碱基组成,转录因子 CTF 能识别 CAAT 框并与之结合,提高转录效率。③ GC 框:其保守序列为 GGGCGG,常有两个拷贝,位于 CAAT 框的两侧,GC 框能与转录因子 SP1 结合,激活转录,与增强起始转录效率有关。

增强子是位于启动子上游或下游的一段能明显增强基因转录效率的 DNA 序列,有增强启动子发动转录的作用,提高基因转录的活性。增强子作用的发挥与所处的位置和序列的方向性无关。

终止子位于 3′ 端非编码区下游,由 AATAAA 和一段反向重复序列组成,二者构成转录终止信号。AATAAA 是多聚腺苷酸(poly A)的附加信号;反向重复序列是 RNA 聚合酶停止工作的信号,该序列转录后可以形成发卡式结构,阻碍 RNA 聚合酶的移动,其末尾的一串 U 与模板中的 A 结合不稳定,从而使 mRNA 从模板上脱离,转录终止。

二、基因突变的分子机制

碱基替换可由碱基类似物的掺入诱发。例如,5- 溴尿嘧啶(5–BU)是一种与胸腺嘧啶(T)结构相似的化合物,具有酮式和烯醇式两种异构体,两种异构体可以互变,它们可分别与 A 和 G 配对结合。在 DNA 分子中 5–BU 通常以酮式状态存在,能与 A 配对,但由于 5′ C 上溴的影响,酮式 5–BU 较易变为烯醇式,而与 G 配对。当 DNA 复制时,酮式 5–BU 代替了 T,使 A–T 碱基对变为 A–BU;第二次复制时,烯醇式 5–BU 则与 G 配对,故出现 G–BU 碱基对;第三次复制时,G 和 C 配对,从而出现 G–C 碱基对,这样原来的 A–T 碱基对被替换成了 G–C 碱基对。碱基替换也可由一些碱基修饰剂诱变所致。这类诱变剂并不是掺入到 DNA 中,而是通过直接修饰碱基的化学结构,改变其性质而导致诱变。例如,亚硝胺有氧化脱氨作用,能使胞嘧啶(C)脱去氨基变成尿嘧啶(U),在 DNA 复制时,U 不能与 G 配对,而是与 A 配对,复制的最终结果使 C–G 变成了 T–A。

移码突变是 DNA 分子某一位点增加或减少一个或几个(非 3 或 3 的倍数)碱基对,使 mRNA 分子在该点位后的序列发生密码子错位的突变方式。移码突变可由吖啶橙、原黄素、黄素等诱变剂诱发。这些物质分子扁平,分子大小与碱基大小相仿,它们可以插入到 DNA 的两个相邻碱基之间,起到诱变的作用。

动态突变是人类基因组中的短串联重复序列,尤其是基因编码序列或侧翼序列中的三核苷酸重复序列,在一代代传递过程中重复次数明显增加,导致某些遗传病的发生。例如,脆性X染色体综合征(Fra X)即是三核苷酸(CGG)$_n$重复序列的拷贝数增加所致。

【练习题】

一、名词解释

1. 基因
2. 基因组
3. 多基因家族
4. 结构基因
5. 遗传密码
6. 基因表达
7. 转录
8. 翻译
9. 基因突变

二、选择题

(一)单选题(A1 型题)

1. 真核生物结构基因中的外显子与内含子接头处,存在一段高度保守的序列是(　　)。
   A. 5′ AG–CT 3′　　　　　B. 5′ AG–GT 3′　　　　　C. 5′ GT–AG3′
   D. 5′ GT–AC 3′　　　　　E. 5′ AG–TC 3′

2. 真核细胞中的 RNA 来源于(　　)。
   A. DNA 复制　　　　　　B. DNA 转录　　　　　　C. DNA 翻译
   D. DNA 转化　　　　　　E. DNA 裂化

3. mRNA 的成熟过程剪切掉(　　)。
   A. 内含子对应序列　　　B. 外显子对应序列　　　C. 前导序列
   D. 尾部序列　　　　　　E. 侧翼序列

4. 断裂基因转录的过程是(　　)。
   A. 基因→hnRNA →剪接、加尾→mRNA
   B. 基因→hnRNA →戴帽、加尾→mRNA
   C. 基因→hnRNA →剪接、戴帽、加尾→mRNA
   D. 基因→hnRNA →剪接、戴帽→mRNA
   E. 基因→mRNA

5. 遗传密码表中的遗传密码是以下列何种核酸分子的碱基三联体表示(　　)。
   A. tRNA　　　　　　　　B. mRNA　　　　　　　　C. rRNA
   D. DNA　　　　　　　　E. RNA

6. 在蛋白质合成过程中,mRNA 的主要功能是(　　)。
   A. 识别氨基酸　　　　　B. 合成模板　　　　　　C. 延伸肽链

　　D. 激活 tRNA　　　　　　　　E. 串联核糖体

7. 由启动子、增强子和终止子构成的侧翼序列虽不编码氨基酸,但属于人类基因组的一些特殊序列,称为(　　　)。

　　A. 调控序列　　　　　　　B. 编码序列　　　　　　　C. 非编码序列

　　D. 中度重复序列　　　　　E. 保守序列

8. 核基因组是指(　　　)。

　　A. 所有已知和未知的基因组成

　　B. 全部基因及其侧翼序列的 DNA 组成

　　C. 全部遗传物质转化到受体细胞上所构成的文库

　　D. 染色体中所含有的 DNA

　　E. 每个体细胞核中父源或母源的整套 DNA

9. 断裂基因的编码序列称为(　　　)。

　　A. 启动子　　　　　　　　B. 侧翼序列　　　　　　　C. 内含子

　　D. 外显子　　　　　　　　E. 终止子

10. 在 64 个密码子中,(　　　)密码子很特殊。若它位于 mRNA 的 5′ 端起始处,则是蛋白质合成的起始信号(起始密码子),同时编码甲酰甲硫氨酸和甲硫氨酸;若它不是位于 mRNA 的起始端,则只具有编码甲硫氨酸的作用。

　　A. UAG　　　　　　　　　B. AUC　　　　　　　　　C. ATG

　　D. UAA　　　　　　　　　E. AUG

(二)多选题(X 型题)

1. 基因的基本特征包括(　　　)。

　　A. 可以自我复制　　　　　B. 能够决定性状　　　　　C. 可以发生突变

　　D. 可以被调控　　　　　　E. 呈断裂形式

2. DNA 复制的特点是(　　　)。

　　A. 半不连续性　　　　　　B. 反向平行性　　　　　　C. 互补性

　　D. 半保留性　　　　　　　E. 子链合成的方向为 5′ → 3′

3. 下列是生命有机体遗传物质的是(　　　)

　　A. RNA　　　　　　　　　B. 碱基　　　　　　　　　C. 蛋白质

　　D. DNA　　　　　　　　　E. 脂类

4. hnRNA 的修饰、加工过程包括(　　　)。

　　A. 戴帽　　　　　　　　　B. 加尾　　　　　　　　　C. 磷酸化

　　D. 剪接　　　　　　　　　E. 螺旋化

5. 人类基因组中有转录功能的是(　　　)。

　　A. 结构基因　　　　　　　B. 基因簇　　　　　　　　C. 基因超家族

　　D. 高度重复序列　　　　　E. 假基因

6. 遗传密码中的终止密码是(　　　)。

　　A. UGC　　　　　　　　　B. UGA　　　　　　　　　C. UAG

　　D. UGG　　　　　　　　　E. UAA

7. 真核生物基因表达调控主要包括哪几个水平(　　　)。

　　A. 转录前　　　　　　　　B. 转录后　　　　　　　　C. 转录水平

D. 翻译水平　　　　　　　　E. 翻译后

8. 点突变中的碱基替换包括(　　　　)。

A. 缺失　　　　　　　B. 插入　　　　　　　C. 转换

D. 颠换　　　　　　　E. 移码

9. 可能致病的基因突变是(　　　　)。

A. 同义突变　　　　　B. 移码突变　　　　　C. 动态突变

D. 碱基替换突变　　　E. 终止密码突变

10. 启动子包括(　　　　)。

A. CAAT框　　　　　B. CTCT框　　　　　C. GC框

D. CG框　　　　　　E. TATA框

三、填空题

1. 基因是遗传物质_____和_____的单位。

2. 人类基因组包括_____基因组和_____基因组。人类基因组中的DNA序列包括_____、_____。

3. 每个断裂基因转录起始点的上游和转录终止点的下游,都有一段不被转录的DNA序列,称为_____,包括_____、_____和_____。

4. 基因表达包括_____和_____两个过程。

5. mRNA的成熟包括_____、_____和_____等过程。

6. 断裂基因的终止子包括_____、_____。

7. 基因突变具有_____、_____、_____和_____等基本特征。

8. 碱基替换可引起_____、_____、_____和_____四种不同效应。

9. 生物有机体为保证基因的高度稳定性,进化出多种DNA损伤的修复系统,包括_____、_____、_____、_____和_____等方式。

10. 能诱发基因突变的各种内外环境因素繁多而庞杂,根据诱变剂的性质可分为_____、_____和_____等几种类型。

四、问答题

1. 人类结构基因的结构是怎样的?

2. 基因有哪些生物学功能?

3. 什么是基因突变? 基因突变有哪些主要类型? 基因突变后可能产生哪些后果?

【参考答案】

一、名词解释

1. 基因　是遗传物质的结构和功能单位,是一段能够合成一个具有一定功能的多肽或RNA分子所必需的DNA序列。

2. 基因组　是指细胞或生物体的全套遗传信息。

3. 多基因家族　是指由一个祖先基因经过重复和变异所产生的一组来源相同、结构相似、功能相关的基因。

4. 结构基因　是指编码蛋白质的基因。

5. 遗传密码　mRNA 分子上每 3 个相邻的碱基序列构成一个三联体,决定编码某种氨基酸,称为遗传密码或密码子。

6. 基因表达　是指把基因中所储存的遗传信息,转变为多肽链的特定氨基酸种类和序列,从而决定生物性状(表型)的过程。

7. 转录　是指在 RNA 聚合酶的催化下,以双链 DNA 分子中的 3′→5′ 单链为模板,按照碱基互补配对原则,合成 RNA 的过程。

8. 翻译　是指 mRNA 将转录的遗传信息"解读"为蛋白质多肽链氨基酸排列顺序的过程。

9. 基因突变　是指 DNA 分子碱基对组成或排列顺序的改变。

二、选择题

(一)单选题(A1 型题)

1. C　2. B　3. A　4. C　5. B　6. B　7. A　8. E　9. D　10. E

(二)多选题(X 型题)

1. ABC　2. ACD　3. AD　4. ABD　5. ABC　6. BCE　7. ABCDE　8. CD　9. BCDE
10. ACE

三、填空题

1. 结构;功能

2. 核;线粒体;单一序列;重复序列

3. 侧翼序列;启动子;增强子;终止子

4. 转录;翻译

5. 戴帽;加尾;剪接

6. AATAAA;一段反向重复序列

7. 多向性;可逆性;稀有性;有害性

8. 同义突变;错义突变;无义突变;终止密码突变

9. 光复活修复;切除修复;重组修复;SOS 修复;错配修复

10. 物理因素;化学因素;生物因素

四、问答题

1. 人类结构基因的核苷酸序列包括编码序列和非编码序列两部分,编码序列在 DNA 分子中是不连续的,被非编码序列隔开,形成镶嵌排列的断裂形式,称为断裂基因。断裂基因主要由外显子、内含子和侧翼序列所组成。外显子和内含子构成编码区,侧翼序列位于编码区两侧,包括编码区上游 5′ 端的启动子、增强子和下游 3′ 端的终止子。

2. 基因的功能包括遗传信息的储存、基因的复制和基因的表达三个方面。①遗传信息的储存:DNA 分子中碱基对的排列顺序蕴藏着遗传信息,基因在转录时通过碱基互补配对可将其储存的遗传信息传递给 mRNA,表现为 mRNA 的碱基排列顺序,mRNA 分子上每 3 个相邻的碱基序列构成一个三联体,决定编码某种氨基酸。②基因的复制:基因作为 DNA 分子的组成部分,其复制是通过 DNA 的自我复制实现的,基因复制发生在细胞周期的 S 期,DNA 分子以自身为模板合成新的 DNA 分子,使 DNA 分子加倍。③基因的表达:把基因中所储存的遗传信息,转变为多肽链的特定氨基酸种类和序列,从而决定生物性状,基因表达包括两个步骤,一是以双链 DNA 分子中的 $3' \to 5'$ 单链为模板,合成 RNA;二是将遗传信息翻译成多肽链中相应的氨基酸种类和序列。

3. DNA 分子碱基对组成或排列顺序的改变称为基因突变。根据基因结构的改变方式,基因突变可分为碱基替换、移码突变和动态突变。根据基因突变对机体的影响情况,可将基因突变的表型效应分为:对机体不产生可察觉的效应;形成人体正常生化组成上的遗传学差异,但对机体无影响;产生有利于机体生存的积极效应;引起遗传性疾病,严重的致死突变可导致死胎、自然流产或出生后夭折。

（王敬红）

第十三章　单基因遗传与单基因遗传病

【内容要点】

一、遗传的基本规律

遗传的基本规律包括分离定律、自由组合定律和连锁与互换定律。分离定律的本质是在生殖细胞形成时等位基因的分离，可以解释一对等位基因控制的一对相对性状的遗传，其细胞学基础是减数分裂过程中同源染色体分离。自由组合定律建立在分离定律的基础上，其本质是在生殖细胞形成时非等位基因的自由组合，可以解释位于非同源染色体上的基因控制的两对或两对以上相对性状的遗传，其细胞学基础是减数分裂过程中非同源染色体随机组合。连锁与互换定律的本质是分布在同一条染色体上的基因通常联合传递，但也可能由于非姐妹染色单体之间发生片段的交换而重组，可用于解释位于一对同源染色体上的两对或两对以上等位基因控制相对性状的遗传。

二、单基因遗传病

单基因遗传病简称单基因病，是指由一对等位基因控制的疾病，常用系谱分析法进行研究。根据致病基因的性质及其所在染色体的不同，可将人类单基因病分为常染色体显性遗传病、常染色体隐性遗传病和 X 连锁显性遗传病、X 连锁隐性遗传病和 Y 连锁遗传病。

1. 常染色体显性遗传病（AD）　控制某种性状或疾病的基因位于常染色体（1~22 号）上，并且性质是显性的，这种遗传方式称常染色体显性遗传。由常染色体上的显性致病基因引起的疾病，称为常染色体显性遗传病。常染色体显性遗传又可分为以下几种类型。

（1）完全显性遗传：即在常染色体显性遗传中，杂合子 Aa 与纯合子 AA 的表现型完全一样。本病男女发病机会均等；病人的双亲中往往有一人患病；系谱中可看到本病的连续遗传；双亲无病时，子女一般不患病，只有在基因突变的情况下，才能看到双亲无病时子女患病的病例。临床常见的疾病有并指症、短指症、齿质形成不全症、神经纤维瘤病等。

（2）不完全显性遗传：即杂合子 Aa 的表现型介于显性纯合子 AA 和隐性纯合子 aa 之间，症状较轻，也称半显性。临床常见的疾病有软骨发育不全症、β- 地中海贫血、家族性高胆固醇血症等。

（3）不规则显性遗传：即某些杂合子 Aa 中的显性基因 A 由于某种原因而不表现出相应的显性性状，又称不完全外显或外显不全。显性基因在杂合状态下是否表达相应的性状，常用外显率来衡量。所谓外显率是指一定基因型的个体在群体中形成相应表现型的比例，一般用百分率（%）来表示。此外，显性致病基因在杂合状态下通常还有表现程度的差异，一般用表现度表示。所谓表现度是指一个基因或基因型在个体中的表达程度,或者说具有同一基因型的不同个体或同一个体的不同部位,由于各自遗传背景的不同,所表达的程度可有显著的差异,常指一种致病基因的表达程度。临床常见的疾病有多指症。

（4）共显性遗传:即一对等位基因之间没有显性和隐性的区别,在杂合状态下,两种基因的作用同时完全表现出来。例如,人类的 ABO 血型、MN 血型和组织相容性抗原等,都属于这种遗传方式。

（5）延迟显性遗传:即杂合子在生命早期不表现出相应症状,只有达到一定的年龄后致病基因的作用才表现出来。临床常见的疾病有 Huntington 舞蹈症、脊髓小脑性共济失调Ⅰ型、家族性多发性结肠息肉等。

2. 常染色体隐性遗传病（AR）　控制某种性状或疾病的基因位于常染色体（1~22 号）上,并且其性质是隐性的,这种遗传方式称常染色体隐性遗传。由常染色体上的隐性致病基因引起的疾病称为常染色体隐性遗传病。本病男女发病机会均等;病人的双亲往往都是致病基因的携带者;系谱中通常看不到本病的连续遗传;近亲婚配时,子代的发病率比非近亲婚配发病率高。例如,白化病、先天性聋哑Ⅰ型、苯丙酮尿症Ⅰ型、高度近视、尿黑酸尿症、肝豆状核变性、镰刀形红细胞贫血病等。

3. X 连锁显性遗传病（XD）　由性染色体上的致病基因引起的疾病称为性连锁遗传病,包括 X 连锁显性遗传病、X 连锁隐性遗传病和 Y 连锁遗传病。X 连锁显性遗传病即由 X 染色体上的显性致病基因引起的疾病。本病女性发病率高于男性;交叉遗传;病人的双亲中往往有一方患病;系谱中常可见到本病的连续遗传。临床常见的疾病有抗维生素 D 性佝偻病、遗传性肾炎、色素失调症、高氨血症Ⅰ型、口面指综合征和 Albright 遗传性骨营养不良等。

4. X 连锁隐性遗传病（XR）　即由 X 染色体上的隐性致病基因引起的疾病。本病男性发病率高于女性;交叉遗传;隔代遗传;男性病人的兄弟、舅舅、姨表兄弟、外甥、外孙也有可能患病。临床上常见的疾病有红绿色盲、甲型血友病、假肥大型肌营养不良和家族性低血色素贫血等。

5. Y 连锁遗传病（YL）　即由 Y 染色体上的致病基因引起的疾病。本病只有男性病人,故又称为全男性遗传;一般男性病人的父亲和儿子均患病;出现病人后一般是连续遗传的,下一代只有女儿正常。目前较肯定的 Y 连锁遗传病有外耳道多毛症等。

三、影响单基因遗传病发病的因素

理论上显性性状和隐性性状在群体中呈现出各自的分布规律,但某些突变基因的性状遗传存在例外情况,如遗传的异质性、基因的多效性、从性遗传、限性遗传、表型模拟、遗传印记等。

【难点解析】

一、单基因遗传病遗传方式的分析及再发风险的概率计算

可参照各种单基因遗传病的系谱特点用排除法分析其遗传方式,再通过婚配图解分析其再发风险。

例如:根据图 13-1 判断此病的遗传方式,写出先证者及其父母的基因型（A/a）;分析病人的正常同胞是携带者的概率;如果人群中携带者的频率为 1/100,则 Ⅳ₃ 随机婚配生下的孩子

患本病概率为多少?

解析:①用排除法判断此病的遗传方式,先证者为女性,故此非 Y 连锁遗传病;没有连续传递的现象,故此非显性遗传;先证者的父亲 III₃ 表现型正常,故此非 X 连锁隐性遗传,从而得出结论:此病的遗传方式为常染色体隐性遗传,先证者及其父母的基因型依次为 aa、Aa、Aa。②绘图计算,根据系谱图和婚配图解(图 13-2)得出结论,病人的正常同胞是携带者的概率是 2/3。③概率计算,根据概率计算原理,IV₃ 随机婚配生下的孩子患本病概率为 $2/3 \times 1/100 \times 1/4 = 1/600$。

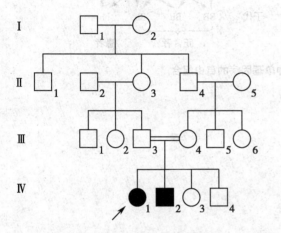

图 13-1　某单基因遗传病系谱

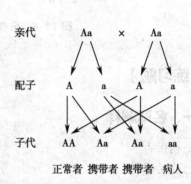

图 13-2　两名单基因遗传病携带者的婚配图解

二、两种单基因性状或疾病的遗传

两种单基因性状或疾病的遗传现象是普遍存在的,在预期它们的传递规律时,关键问题是考虑控制它们的等位基因是否位于一对同源染色体上。若位于不同对的同源染色体上,则遵循自由组合定律传递;若位于一对同源染色体上,则遵循连锁与互换定律传递。

例如:假定基因 A 是视网膜正常所必需的,基因 B 是视神经正常所必需的,且 A/a 和 B/b 位于不同对的同源染色体上,现有基因型均为 AaBb 的双亲,他们生育视觉正常的孩子的可能性是多少?

解析:①选用适当的遗传规律:根据 A/a 和 B/b 位于不同对的同源染色体上,确定运用自由组合定律的原理解决实际问题;②分析问题:视网膜、视神经必须都正常视觉才正常,因此满足条件的孩子基因型只有 A__B__;③得出结论:可采用棋盘法得出结论(图 13-3),也可采用分枝法解题(图 13-4),即根据概率计算原理,他们生育视觉正常的孩子的可能性 $3/4 \times 3/4 = 9/16$。

	AB	Ab	aB	ab
AB	AABB 正常	AABb 正常	AaBB 正常	AaBb 正常
Ab	AABb 正常	AAbb 视神经病	AaBb 正常	Aabb 视神经病
aB	AaBB 正常	AaBb 正常	aaBB 视网膜病	aaBb 视网膜病
ab	AaBb 正常	Aabb 视神经病	aaBb 视网膜病	aabb 患两种病

图 13-3　棋盘法分析两种单基因病的自由组合

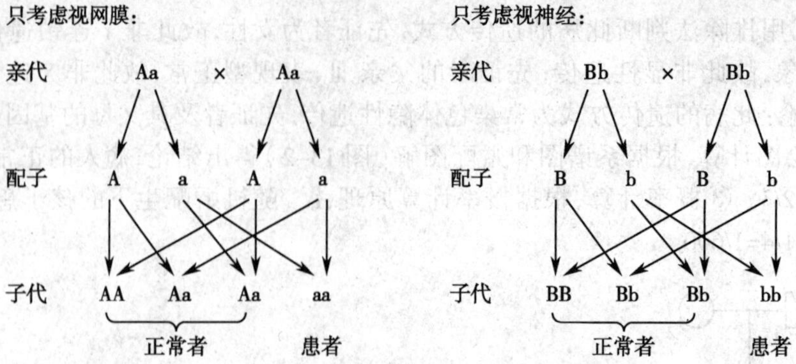

只考虑视网膜：　　　　　　　　　　　只考虑视神经：

图 13-4　分枝法分析两种单基因病的自由组合

【练习题】

一、名词解释

1. 携带者
2. 交叉遗传
3. 表现度
4. 外显率
5. 遗传异质性
6. 限性遗传

二、选择题

（一）单选题（A1 型题）

1. 在下列性状中，属于相对性状的是（　　　）

　　A. 小麦的高茎和豌豆的矮茎　　　　　B. 月季的红花和牡丹的白花

　　C. 小麦的高茎和小麦叶子的形状　　　D. 豌豆的高茎和豌豆的矮茎

　　E. 以上说法都不对

2. 隐性基因是指（　　　）

　　A. 永远不表现出性状的基因　　　　　B. 在任何情况下都表现出性状的基因

　　C. 在杂合时表现出性状的基因　　　　D. 在纯合时才表现出性状的基因

　　E. 以上说法都不对

3. 等位基因是指一对同源染色体上相同位点的（　　　）

　　A. 两个基因　　　　　B. 两个隐性基因　　　　　C. 两个不同形式的基因

　　D. 两个显性基因　　　　　E. 以上都不是

4. 大豆的白花和紫花为一对相对性状。下列四组杂交实验中，能判定性状显隐性关系的是（　　　）

　　（1）紫花 × 紫花→紫花　　　　（2）紫花 × 紫花→ 301 紫花 +108 白花

　　（3）紫花 × 白花→紫花　　　　（4）紫花 × 白花→ 98 紫花 +103 白花

A.（1）和（2）　　　　　　　B.（1）和（3）　　　　　　　C.（2）和（3）

D.（2）和（4）　　　　　　　E.（3）和（4）

5. 分离规律的实质是（　　　）

　　A. 子二代出现性状分离　　　　　　　B. 子二代性状分离比为3:1

　　C. 等位基因随同源染色体分离而分开　　D. 测交后代性状分离比为1:1

　　E. 子二代性状分离比为1:1

6. 下列四组交配中,能验证对分离现象的解释是否正确的一组是（　　　）

　　A. AA×Aa　　　　　　　　B. AA×aa　　　　　　　　C. Aa×Aa

　　D. Aa×aa　　　　　　　　E. aa×aa

7. 人类的双眼皮和单眼皮是由一对等位基因 A 和 a 所决定的。某男孩的双亲都是双眼皮,而他却是单眼皮。该男孩及其父母的基因型依次是（　　　）

　　A. aa、AA、Aa　　　　　　B. Aa、Aa、aa　　　　　　C. aa、Aa、Aa

　　D. aa、AA、AA　　　　　　E. aa、aa、Aa

8. 通常,人的褐眼由显性基因(M)控制,蓝眼由隐性基因(m)控制。一个褐眼男性和一个蓝眼女性结婚,他们的第一个孩子蓝眼,那么这个男性的基因型是（　　　）

　　A. MM　　　　　　　　　B. Mm　　　　　　　　　C. mm

　　D. 以上都不是　　　　　　E. 以上都可以

9. 在下列基因型个体中,只能产生一种配子的是（　　　）

　　A. YyRRDD　　　　　　　B. yyRrdd　　　　　　　C. yyRRDd

　　D. YyRrDd　　　　　　　E. YYrrDD

10. 已知 Y/y 和 R/r 这两对基因是自由组合的,基因型是 YyRr 的个体产生的配子类型为（　　　）

　　A. Yy 和 Rr　　　　　　　B. YR 和 yr　　　　　　　C. Yr 和 yr

　　D. YR、Yr、yR、yr　　　　E. YR 和 Yr

11. 基因型均为 AaBbCc 的两个亲本所产生的基因型为 aabbcc 的子代比例是（　　　）

　　A. 1:4　　　　　　　　　B. 1:8　　　　　　　　　C. 1:16

　　D. 1:32　　　　　　　　E. 1:64

12. 短指是指一种遗传疾病,它属于（　　　）

　　A. 常染色体显性疾病　　　　　　　B. 常染色体隐性疾病

　　C. X 连锁显性疾病　　　　　　　　D. X 连锁隐性疾病

　　E. Y 连锁遗传病

13. 在完全显性的情况下,下列五组基因型中,具有相同表现型一组的是（　　　）

　　A. aaBb 和 Aabb　　　　　B. AaBb 和 aaBb　　　　　C. AaBb 和 AABb

　　D. Aabb 和 AABb　　　　　E. AaBB 和 aaBb

14. 不完全显性指的是（　　　）

　　A. 杂合子表现型介于纯合显性和纯合隐性之间

　　B. 显性基因作用介于纯合显性和纯合隐性之间

　　C. 显性基因和隐性基因都表现

　　D. 显性基因作用未表现

　　E. 隐性基因作用未表现

15. 一对等位基因之间没有显性和隐性之分,在杂合状态下,两种基因的作用都完全表现出来,称为(   )

    A. 完全显性   B. 不完全显性   C. 共显性

    D. 不规则显性   E. 延迟显性

16. 人类 ABO 血型的遗传方式属于(   )

    A. 完全显性遗传   B. 共显性遗传   C. 常染色体隐性遗传

    D. X 连锁显性遗传   E. X 连锁隐性遗传

17. 复等位基因是指(   )

    A. 一对染色体上有三种以上的基因

    B. 一对染色体上有两个相同的基因

    C. 同源染色体的不同位点有三个以上的基因

    D. 同源染色体的相同位点有三种以上的基因

    E. 非同源染色体相同位点上不同形式的基因

18. 人类 MN 血型的遗传方式属于(   )

    A. 完全显性遗传   B. 半显性遗传   C. 共显性遗传

    D. 常染色体隐性遗传   E. X 连锁遗传

19. 带有显性致病基因的杂合体,发育到一定年龄才表现出相应的疾病,称为(   )

    A. 完全显性   B. 不完全显性   C. 共显性

    D. 不规则显性   E. 延迟显性

20. 白化病属于(   )

    A. 常染色体显性遗传病   B. 常染色体隐性遗传病

    C. X 连锁显性遗传病   D. X 连锁隐性遗传病

    E. Y 连锁遗传病

21. 二级亲属的亲缘系数是(   )

    A. 1/2   B. 1/3   C. 1/4

    D. 1/8   E. 1/6

22. 病人正常同胞有 2/3 为携带者的遗传病是(   )

    A. 常染色体显性遗传病   B. 常染色体隐性遗传病

    C. X 连锁显性遗传病   D. X 连锁隐性遗传病

    E. Y 连锁遗传病

23. 一个男性具有一种 X 连锁致病基因,他的儿子通过他传递而带有这种致病基因的概率是(   )

    A. 0   B. 1/2   C. 1/4

    D. 1/8   E. 1

24. 在 X 连锁显性遗传病中,男病人的基因型为(   )

    A. $X^A Y$ B. $X^a Y$ C. $X^A X^A$

    D. $X^A X^a$ E. $X^a X^a$

25. 在 X 连锁显性遗传病中,女病人的基因型通常为(   )

    A. $X^A Y$ B. $X^a Y$ C. $X^A X^A$

    D. $X^A X^a$ E. $X^a X^a$

26. 在 X 连锁隐性遗传病中,男病人的基因型为( )
    A. X^AY B. X^aY C. X^AX^A
    D. X^AX^a E. X^aX^a

27. 在 X 连锁隐性遗传病中,女病人的基因型为( )
    A. X^AY B. X^aY C. X^AX^A
    D. X^AX^a E. X^aX^a

28. 关于人类红绿色盲的遗传,正确的预测是( )
    A. 一个色盲的男性不可能有一个色觉正常的父亲
    B. 一个色盲的男性不可能有一个色觉正常的母亲
    C. 一个色盲的女性不可能有一个色觉正常的父亲
    D. 一个色盲的女性不可能有一个色觉正常的母亲
    E. 以上说法都不对

29. 血友病属于 X 连锁隐性遗传病。一个男性是血友病病人,其父母和祖父母均正常,其亲属不可能患血友病的人是( )
    A. 外祖父   B. 姨表兄弟   C. 姑姑
    D. 外甥   E. 兄弟

30. 血友病属于 X 连锁隐性遗传病。某血友病病人的岳父表现正常,岳母患血友病,对他的子女表现型的预测应当是( )
    A. 儿子、女儿全部正常   B. 儿子患病,女儿正常
    C. 儿子正常,女儿患病   D. 子女均患病
    E. 儿子和女儿中都有可能出现病人

31. 女儿为红绿色盲,她的色盲致病基因来自( )
    A. 父亲的 Y 染色体   B. 父亲的常染色体
    C. 母亲的常染色体   D. 父亲的 X 染色体和母亲的 X 染色体
    E. 父亲的 Y 染色体和母亲的 X 染色体

32. 交叉遗传的特点是( )
    A. 女病人的致病基因一定由父亲传来,将来一定传给女儿
    B. 女病人的致病基因一定由母亲传来,将来一定传给儿子
    C. 男病人的致病基因一定由父亲传来,将来一定传给女儿
    D. 男病人的致病基因一定从父亲传来,将来一定传给儿子
    E. 男病人的致病基因一定从母亲传来,将来一定传给女儿

33. 一个男性血友病病人,他亲属中一般不可能是血友病的是( )
    A. 外祖父或舅父   B. 姨表兄弟   C. 叔伯姑
    D. 同胞兄弟   E. 外甥

34. 存在交叉遗传和隔代遗传的遗传病为( )
    A. 常染色体显性遗传病   B. 常染色体隐性遗传病
    C. X 连锁显性遗传病   D. X 连锁隐性遗传病
    E. Y 连锁遗传病

35. 下列哪种遗传方式没有父传子的现象( )
    A. 常染色体显性遗传   B. 常染色体隐性遗传

C. X 连锁遗传   D. Y 连锁遗传

E. 多基因遗传

（二）单选题（A2 型题）

1. 通常，人的褐眼由显性基因（M）控制，蓝眼由隐性基因（m）控制。一个蓝眼男性和一个母亲为蓝眼的褐眼女性结婚，他们孩子中蓝眼和褐眼的比例是（　　）

A. 2:1   B. 3:1   C. 1:1

D. 0:1   E. 1:0

2. 正常人与重型 β 型地中海贫血病人结婚，生出轻型 β 型地中海贫血病人的可能性是（　　）

A. 0   B. 1   C. 1/8

D. 1/2   E. 1/4

3. 根据遗传学分析，O 型血孩子的父母血型不可能是（　　）

A. A 型和 O 型   B. B 型和 O 型   C. AB 型和 O 型

D. A 型和 B 型   E. B 型和 B 型

4. 父母血型分别是 A 型和 B 型，生了一个 O 型血的女儿，再生育时，子女的血型可能是（　　）

A. A、O   B. B、O   C. O

D. A、B、O   E. A、B、O、AB

5. 视网膜母细胞瘤属常染色体显性遗传病，如果其外显率为 90%，一个杂合型病人与一个正常人婚配，生下孩子患病的概率为（　　）

A. 25%   B. 45%   C. 50%

D. 75%   E. 100%

6. 一对夫妇表现型正常，婚后生了一个白化病（AR）的儿子，这对夫妇的基因型为（　　）

A. Aa 和 Aa   B. Aa 和 AA   C. Aa 和 aa

D. aa 和 aa   E. AA 和 AA

7. 某男子患白化病，其父母和妹妹均无此病，如果他的妹妹与白化病病人结婚，生出病孩的概率是（　　）

A. 1/2   B. 2/3   C. 1/3

D. 1/4   E. 1/6

8. 一对表现正常的夫妇，他们各自的双亲表现也都正常，但双方都有一个患白化病的兄弟，问他们婚后生育白化病孩子的概率是（　　）

A. 1/4   B. 1/6   C. 1/8

D. 1/9   E. 1/16

9. 某男子的叔叔患有白化病（AR），他与其姑表妹结婚，所生子女的发病风险是（　　）

A. 1/4   B. 1/8   C. 1/36

D. 1/100   E. 1/120

10. 一对夫妇表现型正常，妻子的弟弟为白化病（AR）病人。假设白化病基因在人群中为携带者的频率为 1/60，这对夫妇生育白化病患儿的概率为（　　）

A. 1/4   B. 1/480   C. 1/240

D. 1/120   E. 1/360

11. 一对夫妻身体健康,先后生了两个苯丙酮尿症(AR)患儿。若这对夫妻再生育,生下健康孩子的可能性是(　　)

     A. 0   B. 25%   C. 50%

     D. 75%   E. 100%

12. 一对夫妇已经生了一个男孩,再生男孩的概率是(　　)

     A. 100%   B. 75%   C. 50%

     D. 25%   E. 12.5%

13. 抗维生素 D 性佝偻病是 X 连锁显性遗传病。男性发病率为 1/10 000,女性的发病率约为(　　)

     A. $1 \times 1/10\ 000$ B. 1/100   C. $2 \times 1/10\ 000$

     D. $4 \times 1/10\ 000$ E. $1/10\ 000^2$

14. 抗维生素 D 性佝偻病是 X 连锁显性遗传病。一个女性病人和一健康男性结婚,其子女发病概率是(　　)

     A. 儿子、女儿均 100% 正常   B. 儿子、女儿均 100% 患病

     C. 儿子、女儿均 50% 患病   D. 儿子 50% 患病,女儿 100% 正常

     E. 儿子 100% 患病,女儿 100% 患病

15. 抗维生素 D 性佝偻病是 X 连锁显性遗传病。一个男性病人与一健康女性婚配,其后代子女患病情况是(　　)

     A. 儿子、女儿均 100% 正常   B. 儿子、女儿均 100% 患病

     C. 儿子、女儿均 50% 患病   D. 儿子 100% 患病,女儿 100% 正常

     E. 儿子 100% 正常,女儿 100% 患病

16. 抗维生素 D 性佝偻病是 X 连锁显性遗传病。两个抗维生素 D 佝偻病病人结婚,其子女发病概率是(　　)

     A. 儿子、女儿均 100% 患病   B. 儿子、女儿均 100% 正常

     C. 儿子、女儿均 50% 患病   D. 儿子 50% 患病,女儿 100% 患病

     E. 儿子 100% 患病,女儿 50% 患病

17. 某男孩是红绿色盲(XR),他的父母、祖父母、外祖父母色觉都正常,这个男孩的色盲基因是通过哪些人传下来的(　　)

     A. 外祖母→母亲→男孩   B. 外祖父→母亲→男孩

     C. 祖父→父亲→男孩   D. 祖母→父亲→男孩

     E. 以上都不是

18. 一个女性红绿色盲病人与正常男性结婚,所生儿子的发病风险是(　　)

     A. 1/2   B. 1   C. 1/4

     D. 0   E. 以上都不是

19. 两个红绿色盲病人婚配,所生子女是色盲的概率是(　　)

     A. 0   B. 25%   C. 50%

     D. 75%   E. 100%

20. 一个父亲为红绿色盲的女性与正常男性结婚,所生儿子患色盲的风险是(　　)

     A. 1/2   B. 1/3   C. 3/4

D. 1/4   E. 1/8

21. 一对表现型正常的夫妻,生了一个红绿色盲的儿子,如果他们再生女儿,患红绿色盲的风险是( )

A. 1   B. 1/2   C. 1/4

D. 3/4   E. 0

22. 一个色盲的男性与正常女性结婚,生了一个红绿色盲的女儿,如果他们再生儿子,患红绿色盲的风险是( )

A. 1   B. 1/2   C. 1/4

D. 3/4   E. 0

23. 血友病是 X 连锁隐性遗传病。男性发病率为 1/10 000,女性发病率是( )

A. 1 × 1/10 000   B. 2 × 1/10 000   C. 4 × 1/10 000

D. 8 × 1/10 000   E. 1/10 000^2

24. 血友病是 X 连锁隐性遗传病。一个女性的两个弟弟患血友病,她父母无病,她与正常男性结婚,所生男孩的发病风险是( )

A. 1/2   B. 1/4   C. 1/8

D. 1/16   E. 1/32

25. 血友病是 X 连锁隐性遗传病。一个血友病男性病人与一个基因型正常的女性($X^H X^H$)结婚,后代子女发病情况是( )

A. 儿、女都是携带者   B. 儿、女均有 1/2 可能发病

C. 儿、女均有 1/4 可能发病   D. 所有女儿都是携带者,儿子都正常

E. 所有女儿都发病,所有儿子都正常

26. DMD 是 X 连锁隐性遗传病。一个女性的两个舅舅患此病,此女性与正常男性结婚,所生男孩患病风险是( )

A. 1/4   B. 1/8   C. 1/16

D. 1/32   E. 1/64

27. 外耳道多毛症是 Y 连锁遗传病。一个外耳道多毛症的男性与正常女性结婚后,所生儿子患此病的概率是( )

A. 1   B. 1/2   C. 1/4

D. 2/3   E. 0

28. 一个患并指的男性与正常女性结婚,生了一个患白化病而手指正常的孩子。他们如果再生育,生下手指和肤色均正常孩子的概率是( )

A. 1/2   B. 1/4   C. 3/4

D. 1/8   E. 3/8

29. 两个先天性聋哑病人婚后所生两个子女听力均正常,这是由于( )

A. 外显率不完全   B. 表现度低   C. 基因突变

D. 遗传异质性   E. 环境因素影响

30. 原发性血色病是一种常染色体隐性遗传,但男性发病率为女性的 10~20 倍,在遗传学上把这种现象称为( )

A. 遗传的多效性   B. 遗传的异质性   C. 从性遗传

D. 限性遗传   E. 遗传印记

（三）多选题（X 型题）

1. 下列有关常染色体显性遗传特征的描述,正确的有（　　　）
   A. 男女发病概率均等
   B. 系谱中呈连续遗传现象
   C. 病人的同胞约 1/2 发病
   D. 病人的双亲中必有一人患病
   E. 病人都是显性纯合体,杂合体是携带者

2. 下列有关常染色体隐性遗传系谱特点的描述,正确的有（　　　）
   A. 病人双亲表现型往往是正常的,但他们都是携带者
   B. 男女患病机会均等
   C. 群体中女性发病率高于男性
   D. 近亲婚配时,子代发病率比非近亲者高
   E. 系谱中看不到连续遗传现象

3. 下列有关色盲的叙述正确的有（　　　）
   A. 一个色觉正常的男性可能有一个色盲的父亲
   B. 一个色觉正常的男性可能有一个色盲的母亲
   C. 一个色觉正常的女性可能有一个色盲的父亲
   D. 一个色觉正常的女性可能有一个色盲的母亲
   E. 以上说法都不对

三、填空题

1. ＿＿＿＿＿＿、＿＿＿＿＿＿ 和 ＿＿＿＿＿＿ 被称为遗传学的三大基本规律。

2. 分离定律的细胞学基础为 ＿＿＿＿＿＿。

3. 纯种的红花豌豆和白花豌豆杂交,子一代都是红花,＿＿＿＿＿＿ 是显性性状,＿＿＿＿＿＿ 是隐性性状。

4. 纯种黄圆豌豆和纯种绿皱豌豆杂交,F_1 表现型为 ＿＿＿＿＿＿。

5. F_1 黄圆豌豆（YyRr）自花授粉,F_2 表现型比例为 ＿＿＿＿＿＿。

6. 体细胞的基因一般是成对存在的,如一对基因彼此相同如 AA,aa 则称为 ＿＿＿＿＿＿;如果彼此不同如 Aa 则称为 ＿＿＿＿＿＿。

7. 单基因病是指受一对 ＿＿＿＿＿＿ 影响而产生的疾病。

8. 研究人类遗传性状最常用的方法为 ＿＿＿＿＿＿,通常需要从 ＿＿＿＿＿＿ 入手进行绘制。

9. 人体卷舌与非卷舌由等位基因 R/r 控制,某学生的父母均能卷舌,但本人不能卷舌,则其父亲的基因型为 ＿＿＿＿＿＿。

10. 携带多指症显性致病基因的个体,并未表现出多指症状,这种现象属于常染色体显性遗传中的 ＿＿＿＿＿＿。

11. 家族性高胆固醇血症中,血中胆固醇含量杂合子病人为 300~400mg/ml,纯合子病人含量为 600mg/ml,而正常人为 150~250mg/ml。这种遗传方式属常染色体显性遗传方式中的 ＿＿＿＿＿＿。

12. 父母都是 B 型血,生育了一个 O 血型的孩子,这对夫妇再生孩子的血型可能是 ＿＿＿＿＿＿ 和 ＿＿＿＿＿＿,概率分别为 ＿＿＿＿＿＿ 和 ＿＿＿＿＿＿。

13. Huntington 舞蹈症常于 30~40 岁发病,有的甚至在 60 岁发病,这种现象称为 ＿＿＿＿＿＿。

14. 白化病是常染色体隐性遗传病,是由于 ＿＿＿＿＿＿ 酶功能障碍,从而不能形成黑色素。

15. 两个常染色体隐性遗传病携带者婚配所生育的正常子女中携带者的频率为 _____。

16. 个体与堂表兄妹的亲缘系数是 _____。

17. 从性遗传和性连锁遗传的表现形式都与性别有密切的联系,但性连锁遗传的基因位于 _____ 染色体上,而从性遗传的基因位于 _____ 染色体上,它们是截然不同的两种遗传现象。

四、问答题

1. 一父亲患有多指症的女性与正常男性结婚,此夫妇生下患多指症孩子的概率为多少?已知多指症的外显率为80%,二人家系中其他成员人均无此病。

2. 丈夫是 B 型血,他的母亲是 O 型血;妻子为 AB 型血,问后代可能出现什么血型,不可能出现什么血型?

3. 有位色觉正常的女性,她的父亲是色盲,这个女性和一个色盲男性结婚,他们的子女中男、女患色盲的概率各是多少?

4. 丈夫并指,妻子正常,婚后生了一个白化病患儿,问他们再生一个健康孩子的可能性有多大?(并指,A/a;白化病,B/b)

【参考答案】

一、名词解释

1. 携带者　是指带有致病基因但表现型正常的个体。

2. 交叉遗传　男性的 X 染色体只能从母亲那里得到,将来也只可能传给他的女儿,这种遗传方式称为交叉遗传。

3. 表现度　是指一个基因或基因型在个体中的表达程度。

4. 外显率　是指一定基因型的个体在群体中形成相应表现型的比例,一般用百分率(%)来表示。

5. 遗传异质性　表现型相同而基因型不同的现象称为遗传异质性。

6. 限性遗传　是指常染色体上的基因,不管其性质是显性的还是隐性的,由于性别限制只在一种性别得以表现,而在另一性别完全不能表现的现象。

二、选择题

（一）单选题（A1 型题）

1. D　2. D　3. C　4. C　5. C　6. D　7. C　8. B　9. E　10. D　11. E　12. A　13. C　14. A　15. C　16. B　17. D　18. C　19. E　20. B　21. C　22. B　23. A　24. A　25. D　26. B　27. E　28. C　29. C　30. D　31. C　32. E　33. C　34. D　35. D

（二）单选题（A2 型题）

1. C　2. B　3. C　4. E　5. B　6. A　7. C　8. C　9. D　10. E　11. B　12. C　13. C　14. D　15. E　16. D　17. A　18. D　19. E　20. A　21. E　22. C　23. E　24. B　25. D　26. B　27. A　28. E　29. D　30. C

（三）多选题（X 型题）

1. ABCD　2. ABDE　3. ACD

三、填空题

1. 分离定律；自由组合定律；连锁与互换定律

2. 减数分裂时同源染色体分离

3. 红花；白花

4. 黄圆

5. $9:3:3:1$

6. 纯合子；杂合子

7. 等位基因

8. 系谱分析法；先证者

9. Rr

10. 不规则显性遗传

11. 不完全显性遗传

12. B 型；O 型；3/4；1/4

13. 延迟显性遗传

14. 酪氨酸

15. 2/3

16. 1/8

17. 性；常

四、问答题

1. 该女性携带有致病基因概率为 $1/2 \times (1-80\%)=0.1$，故此夫妇生下患多指症孩子的概率为 $0.1 \times 1/2 \times 80\%=0.04$。

2. 丈夫的基因型为 $I^B i$，妻子的基因型为 $I^A I^B$，故后代可能出现 A 血型、B 血型和 AB 血型，不可能出现 O 血型。

3. 这个女性的基因型为 $X^A X^a$，色盲男性的基因型为 $X^b Y$，故他们的子女中男、女患色盲的概率均为 1/2。

4. 只考虑并指：妻子基因型为 aa，丈夫的基因型为 Aa，故再生孩子手指正常的概率为 1/2。只考虑白化病：这对夫妇的基因型均为 Bb，故再生孩子肤色正常的概率为 3/4。综上所述，他们再生一个健康孩子的可能性为 $1/2 \times 3/4=3/8$。

（李荣耀）

第十四章　多基因遗传与多基因遗传病

【内容要点】

疾病的发生不取决于一对等位基因,而是由两对以上的等位基因所决定的,同时还受到环境因素的影响,这类疾病就称为多基因遗传病,简称多基因病。在临床上比较多见的多基因病有:唇裂、腭裂、神经管缺损、高血压、糖尿病、动脉粥样硬化、冠心病、精神分裂症、哮喘、胃及十二指肠溃疡、风湿病、癫痫等。

一、多基因遗传

1. 质量性状和数量性状

(1) 质量性状:又称单基因遗传性状,其相对性状间差异明显,其变异个体明显分为2~3个群,中间无过渡类型,在群体中呈不连续分布。

(2) 数量性状:又称多基因遗传性状,其相对性状间没有质的差异,只有量的不同,中间存在一系列的过渡类型,在群体中呈正态分布,分布曲线只有一个峰即代表群体平均值。

2. 多基因假说

(1) 多基因遗传:指某些遗传性状或遗传病,由多对等位基因共同决定,同时还受环境因素的影响,呈现数量变化的特征,故又称为数量性状遗传。

(2) 微效基因:人类的一些遗传性状或遗传病不是由一对等位基因决定,而是由多对等位基因所控制,等位基因之间呈共显性。这些等位基因对表型的影响较小,故称为微效基因。

3. 多基因遗传的特点

(1) 两个同一性状差异巨大的纯合极端个体杂交,子一代都是中间类型,但是个体间也存在一定的变异,这是环境因素影响的结果。

(2) 两个中间类型的子一代个体杂交,子二代大部分仍为中间类型,但是变异的范围比子一代更为广泛,有时会出现极端变异的个体,除了环境因素的影响外,基因的分离和自由组合对变异的产生具有重要作用。

(3) 在一个随机婚配的群体中,变异范围很广泛,但是大多数接近中间类型,极端变异个体很少。

(4) 多基因和环境因素对这种变异的产生都有作用。

二、多基因遗传病

1. 易患性与发病阈值

(1) 易感性:在多基因遗传病中,由多基因遗传基础决定的发生某种多基因病风险的高低,称为易感性,即是由若干作用微小但有累积效应的致病基因(微效基因)构成个体患病的风险。

(2)易患性:在多基因遗传病中,由遗传基础和环境因素的共同作用,决定了一个个体患病的可能性称为易患性。易患性在人类群体中呈正态分布。

(3)阈值:当一个个体的易患性达到或超过一定限度时就将患病,这个限度就称为阈值。发病阈值的本质:在一定环境条件下,阈值代表个体发病所必需的最低的易患基因数量。

多基因病的易患性阈值与平均值距离越近,阈值越低,则群体发病率也越高;反之,两者距离越远,阈值越高,则群体发病率越低。

2. 遗传率 在多基因遗传病中,易患性的高低受遗传基础和环境因素的共同作用,其中遗传基础所起作用大小称为遗传率,一般用百分比表示。遗传率越大,表明遗传因素对病因的作用越大。一般来讲,当遗传率在 70%~80% 时,表明遗传基础在决定疾病易患性变异上起重要作用;而当遗传率在 30%~40% 时,表明遗传基础在决定疾病易患性变异上作用不显著,而是由环境因素起重要作用。

3. 多基因遗传病的遗传特点

(1)多基因病的群体发病率一般高于 0.1%。

(2)多基因病有家族聚集倾向。病人亲属的发病率远高于群体发病率,但又低于 1/2 或 1/4,不符合任何一种单基因遗传方式。

(3)近亲婚配时,子女的发病风险增高,但不如常染色体隐性遗传病显著,这与多基因的累加效应有关。

(4)随着亲属级别的降低,病人亲属的发病风险迅速降低,并向着群体发病率靠拢。在群体发病率低的病种中,这种趋势更为明显。这与单基因病中亲属级别每降低一级,发病风险降低 1/2 的情况是不同的。

(5)发病率有明显的种族或民族差异,这表明不同种族或民族的基因库是不同的。

4. 遗传病再发风险的估计 多基因遗传病再发风险与该病的遗传率和一般群体发病率的大小密切相关,同时还要注意其他因素的影响。

(1)群体发病率和遗传率与再发风险:在相当多的多基因病中,其群体发病率为 0.1%~1%,遗传率为 70%~80%。在这种情况下可用 Edward 公式来估计发病风险,即 $f=\sqrt{p}$(f:病人的一级亲属的患病率,p:群体患病率)。如果群体患病率或遗传率过高或过低,上述 Edward 公式则不适用,需看图查出。

(2)家庭中患病人数与再发风险:多基因遗传病的再发风险与家庭中患病人数呈正相关,患病人数越多,再发风险越高。

(3)病人病情的严重程度与再发风险:多基因病病人病情越严重,其同胞中再发风险就越高。

(4)患病率的性别差异与再发风险:当一种多基因遗传病的发病有性别差异时,表明不同性别的易患性阈值是不同的。群体发病率高的性别阈值低,一旦患病,其子女的再发风险低;相反,在群体发病率低的性别中,由于阈值高,一旦患病,其子女的再发风险高。

(5)亲属级别与再发风险:随着亲属级别的降低,再发风险也迅速降低。

【难点解析】

易患性和阈值的确定

一个个体的易患性无法测量,但一个群体的易患性平均值可以根据群体的发病率予以估计。其方法是利用正态分布平均值与标准差的已知关系,由发病率估计群体的阈值与易患性平均值之间的距离来确定。已知正态分布的曲线下总面积为100%,可推算得到均数加减任何数量标准差的范围内,曲线与横轴之间所包括的面积占曲线下总面积的比例。如:在 $\mu \pm \sigma$ (μ 为正态分布的均数,σ 为标准差)范围内,占曲线下总面积的68.28%,此范围以外的面积占31.72%,左右两侧各占15.86%,与发病率为15.86%相吻合。也就是说,如果调查某多基因病的发病率为15.86%,那么该病的阈值应在均数右侧的一个标准差处;在 $\mu \pm 2\sigma$ 范围内,占曲线下总面积的95.46%,此范围以外的面积占4.54%,左右两侧各占2.3%,与发病率为2.3%相吻合。如果调查某多基因病的发病率为2.3%,那么该病的阈值应在右侧的两个标准差处;在 $\mu \pm 3\sigma$ 范围内,占曲线下总面积的99.74%,此范围以外的面积占0.26%,左右两侧各占0.13%,与发病率为0.13%相吻合,可确定某多基因病的发病率如果为0.13%,那么该病的阈值应在均数右侧的三个标准差处。

【练习题】

一、名词解释

1. 质量性状
2. 数量性状
3. 易患性
4. 阈值
5. 遗传率
6. 微效基因

二、选择题

（一）单选题（A1 型题）

1. 多基因遗传是由 2 对或 2 对以上等位基因控制的,这些等位基因的性质是（　　）
   A. 隐性　　　　　　　　B. 显性　　　　　　　　C. 隐性和显性
   D. 共显性　　　　　　　E. 以上都不是

2. 下列不符合数量性状的变异特点的是（　　）
   A. 一对性状存在着一系列中间过渡类型　　　　B. 一个群体是连续的
   C. 一对性状间差异明显　　　　　　　　　　　D. 分布近似于正态曲线
   E. 性状之间没有显性和隐性之分

3. 在一个随机杂交的群体中,多基因遗传的变异范围广泛,大多数个体接近于中间类型,极端变异的个体很少。这些变异的产生是由（　　）
   A. 多基因遗传基础和环境因素共同作用的结果

B. 遗传基础作用的大小决定的

C. 环境因素作用的大小决定的

D. 多对基因的分离和自由组合的作用的结果

E. 连锁和互换的结果

4. 决定多基因遗传性状或疾病的基因为（　　　）

  A. 单基因   B. 显性基因   C. 隐性基因

  D. 复等位基因   E. 微效基因

5. 在多基因遗传中,易患性高低受遗传基础和环境因素双重影响,其中遗传基础作用所起的大小称为（　　　）

  A. 遗传率   B. 外显率   C. 表现度

  D. 发病率   E. 易患性

6. 多基因病的遗传率愈高,则表示该种多基因病（　　　）

  A. 只由环境因素起作用

  B. 由单一的遗传因素起作用

  C. 遗传因素起主要作用,而环境因素作用较小

  D. 环境因素起主要作用,而遗传因素作用较小

  E. 遗传因素和环境因素作用相同

7. 一种多基因病的群体易患性平均值（　　　）

  A. 群体易患性平均值愈高,群体发病率也愈高

  B. 群体易患性平均值愈低,群体发病率愈高

  C. 群体易患性平均值愈高,群体发病率愈低

  D. 群体易患性平均值愈低,群体发病率迅速降低

  E. 群体易患性平均值愈低,群体发病率迅速增高

8. 对多基因遗传病下列哪个因素与后代复发风险的估计无关（　　　）

  A. 群体发病率   B. 孕妇的年龄   C. 家庭患病人数

  D. 病情严重程度   E. 遗传率

9. 关于多基因遗传的特点,下列哪项说法不正确（　　　）

  A. 两个极端个体杂交后子一代都是中间类型

  B. 两个中间类型的个体杂交后,子二代大部分亦为中间类型,但也有极端的个体

  C. 在一个随机杂交的群体中,变异范围广泛

  D. 环境因素和遗传基础共同作用的结果

  E. 随机杂交的群体中,不会产生极端个体

10. 多基因遗传病中,病人一级亲属发病率近似于群体发病率的平方根时,群体发病率和遗传率多为（　　　）

  A. 0.1%~1%;70%~80%   B. 0.1%~1%;40%~50%

  C. 1%~10%;70%~80%   D. 1%~10%;40%~50%

  E. 10%;50%

11. 下列哪类病人的后代发病风险高（　　　）

  A. 单侧腭裂   B. 单侧唇裂   C. 双侧唇裂

  D. 单侧唇裂＋腭裂   E. 双侧唇裂＋腭裂

12. 下列哪种疾病不属于多基因病（　　　）

　　A. 哮喘　　　　　　　　　B. 精神分裂症　　　　　　　C. 苯丙酮尿症

　　D. 原发性高血压　　　　　E. 先天性幽门狭窄

13. 精神分裂症是多基因遗传病，群体发病率是 0.0016，遗传率是 80%，计算病人一级亲属的复发风险是（　　　）

　　A. 0.04　　　　　　　　　B. 0.016　　　　　　　　　　C. 0.004

　　D. 0.01　　　　　　　　　E. 0.001

14. 多基因遗传病中，近亲婚配时，子女发病风险（　　　）

　　A. 不变

　　B. 降低

　　C. 增高

　　D. 增高但不如单基因病那样显著

　　E. 降低但不如单基因病那样显著

15. 当一种多基因病的群体发病率有性别差异时，群体发病率高的性别易患性阈值比群体发病率低的性别易患性阈值（　　　）

　　A. 高　　　　　　　　　　B. 低　　　　　　　　　　　C. 无差异

　　D. 高 2~3 倍　　　　　　　E. 低 2~3 倍

16. 先天性幽门狭窄是一种多基因遗传病，群体中男性发病率是女性发病率的 5 倍，下列哪种情况的复发风险最高（　　　）

　　A. 男病人的儿子　　　　　B. 男病人的女儿　　　　　　C. 女病人的儿子

　　D. 女病人的女儿　　　　　E. 女病人的儿子及女儿

17. 多基因遗传病中，如果病人的病情严重，那么该家庭的复发风险（　　　）

　　A. 低　　　　　　　　　　　　　　　　B. 无变化

　　C. 增高　　　　　　　　　　　　　　　D. 与群体发病率同

　　E. 是群体发病率的平方根

18. 一种多基因病的复发风险（　　　）

　　A. 与该病的遗传率大小有关，而与一般群体的发病率大小无关

　　B. 与该病的一般群体的发病率大小有关，而与遗传率大小无关

　　C. 与该病的遗传率大小和一般群体的发病率大小都有关

　　D. 与该病的遗传率大小和一般群体的发病率大小都无关

　　E. 与亲缘关系的远近无关

19. Edward 公式的适用条件是（　　　）

　　A. 群体发病率为 0.1%~1%，遗传率为 70%~80%

　　B. 群体发病率为 10%~50%，遗传率为 70%~80%

　　C. 群体发病率为 0.001%，遗传率为 70%~80%

　　D. 群体发病率为 0.1%~1%，遗传率为 30%~50%

　　E. 群体发病率为 0.1%~1%，遗传率为 30%~50%

20. 多基因遗传病中，一定的环境条件下，能代表患病所必需的最低易患基因的数量是（　　　）

　　A. 发病率　　　　　　　　B. 易感性　　　　　　　　　C. 阈值

D. 易患性　　　　　　　　　E. 遗传率

（二）多选题（X 型题）

1. 数量性状变异的特点是（　　　）

A. 变异是连续的　　　　　　　　B. 分布近似于正态分布曲线

C. 群体中可明显地分成 2~3 群　　D. 性状间有显性和隐性之分

E. 性状间没有显性和隐性之分

2. 有关多基因遗传，下列说法正确的是（　　　）

A. 由两对以上基因控制　　　　　B. 每对基因的作用是微小的

C. 基因间是共显性　　　　　　　D. 基因间的作用可相互抵消

E. 受环境因素的影响率

3. 下列为多基因遗传病的是（　　　）

A. Down 综合征　　　B. 苯丙酮尿症　　　C. 精神分裂症

D. 糖尿病　　　　　　E. 先天聋哑

4. 对多基因遗传病病人后代发病风险的估计中，与下列哪些因素有关（　　　）

A. 群体发病率　　　B. 孕妇年龄　　　C. 家庭中的患病人数

D. 病情的严重程度　E. 遗传率

5. 关于多基因遗传的特点，下列说法正确的是（　　　）

A. 两个极端个体杂交后，子一代都是中间类型

B. 两个中间类型的个体杂交后子二代大部分亦为中间类型

C. 在一个随机杂交的群体中变异范围广泛

D. 是环境因素和遗传基础共同作用的结果

E. 随机杂交群体中不会产生极端个体

三、填空题

1. 单基因遗传的遗传性状由 _____ 对等位基因所控制，相对性状之间的差异明显，即变异是不连续的，称其为 _____。多基因遗传性状与单基因遗传性状不同，其遗传基础是 _____ 对等位基因且其变异在一个群体是连续的，称其为 _____。

2. 数量性状的遗传基础是两对以上的等位基因，这些基因按 _____ 遗传方式进行，彼此之间呈 _____，每对基因对多基因性状形成的效应是微小的，但多对基因具有 _____ 效应形成一个明显的表型性状。

3. 在多基因遗传中，两个极端变异的个体杂交后，子一代都是 _____。由于不同环境因素对发育的影响，子一代也有一定的变异范围。

4. 应用 Edward 公式估计多基因遗传病再发风险，要求群体发病率为 _____，遗传度为 _____。

5. 群体易患性平均值与阈值相距较远，则群体发病率 _____。

6. 如果某遗传病的遗传率为 70%~80%，则表明 _____ 在决定易患性上起主要作用，而 _____ 的作用较小。

7. 在多基因遗传病中，发病率如有性别差异，则发病率高的性别阈值 _____。

8. 某种多基因遗传病男性发病率高于女性发病率，女性病人生育的后代发病风险 _____。

9. 精神分裂症遗传度为 80%，若群体发病率是 1%，一男性病人与一正常女性婚配，他们

子女的发病风险是 _____。

10. 某多基因遗传病的阈值与平均值相距越近,其群体易患性的平均值越 _____,阈值越 _____ 而群体发病率也越 _____。

四、问答题

1. 多基因遗传的特点有哪些?

2. 在估计多基因病复发风险时,为什么一个家庭中已有的病人人数越多,则复发风险越高?

3. 多基因遗传病中,为什么病人的病情越重,其家庭的复发风险越高?

4. 对比多基因病和单基因病在传递规律上的不同,为什么会有这样的差异?

5. 已知某多基因病在男性的发病率为 0.2%,在女性的发病率为 1%,试问哪种性别的病人婚后所生子女发病风险高,为什么?

【参考答案】

一、名词解释

1. 质量性状 变异在一个群体中的分布是不连续的,可以把变异的个体明显地区分为 2~3 个群,这 2~3 个群之间的差异显著。

2. 数量性状 变异在一个群体中的分布是连续的,只有一个峰,即平均值。

3. 易患性 在多基因遗传病中,一个个体在遗传基础和环境共同作用下,患病的风险称易患性。

4. 阈值 在多基因遗传病中,当一个个体的易患性达到一定的限度时,这个个体就将患病,这个易患性的限度就称为阈值。在环境条件相同的条件下,阈值代表了发病必需的最低的基因数量。

5. 遗传率 在多基因遗传病中,易患性的高低受遗传基础和环境因素的双重影响,其中遗传基础所起的作用的大小称遗传率。

6. 微效基因 在多基因遗传中,控制数量性状的基因对性状形成的效应是微小的,因而被称为"微效基因"。

二、选择题

(一)单选题(A1 型题)

1. D 2. C 3. A 4. E 5. A 6. C 7. A 8. B 9. E 10. A 11. E 12. C 13. A 14. D 15. B 16. C 17. C 18. C 19. A 20. C

(二)多选题(X 型题)

1. ABE 2. ABDE 3. CD 4. ACDE 5. ABCD

三、填空题

1. 一;质量性状;多;数量性状

2. 孟德尔;共显性;累加

3. 中间类型

4. 0.1%~1%；70%~80%

5. 低

6. 遗传因素；环境因素

7. 低

8. 高

9. 10%

10. 高；低；高

四、问答题

1. ①在一个随机杂交的群体中，变异范围广泛，大多数个体接近于中间类型，极端变异的个体很少；②两个极端的个体杂交后，子一代都是中间类型，也有一定的变异范围；③两个子一代个体杂交后，子二代大部分也是中间类型，但也有极端类型的个体出现，变异的范围将更广泛。

2. 一个家庭中患病人数越多时，意味着这对夫妇二人都带有更多的易患性基因，他们虽然未发病，但其易患性更接近阈值，由于基因的加性效应，复发风险就将大大增高。

3. 一个病情严重的病人必然带有更多的易患性基因，与病情较轻的病人相比，其父母也会带有较多的易患性基因，易患性更为接近阈值，所以再次生育时复发风险也相应增高。

4. ①多基因遗传病在群体发病率为0.1%~1%并遗传率为70%~80%的病种中，病人一级亲属的发病率约近似于群体发病率的平方根，而单基因遗传病中，无论发病率为多少，其一级亲属的复发风险均为1/2或1/4；②多基因病在一个家庭中有两个以上病人时，病人一级亲属的发病风险也相应增高，因为家庭中病人人数越多，说明夫妇二人所带的易患性基因越多，易患性越接近阈值，所以再次生育时，复发风险越高，单基因遗传病则不同，无论已生出几个患儿，再发风险仍是1/2或1/4；③多基因遗传病时，病情严重的病人其一级亲属的发病风险增高，而单基因病则不同，无论病情轻重都是表现度的差异，不会影响再发风险；④多基因遗传病时，在发病率有性别差异时，发病率低的性别阈值高，其一级亲属的发病风险将增高，发病率高的性别阈值低，其一级亲属的发病风险将下降，这是由于不同性别易患性的阈值不同所致，而单基因病则不同，发病率性别的差异是由于致病基因X连锁遗传的缘故。

5. 男性病人所生子女发病风险高。因为这种多基因病女性的群体发病率高于男性5倍，说明女性的阈值低，男性的阈值高。男性一旦发病，说明他一定带有较多的易患基因，因此他的子女发病风险高。

（程丹丹）

第十五章　人类染色体与染色体病

【内容要点】

一、人类正常染色体

1. 人类染色体的形态结构与类型

（1）人类染色体的形态结构：中期染色体由两条染色单体构成，它们互称姐妹染色单体，两单体之间由着丝粒相连，着丝粒处凹陷缩窄，称主缢痕；着丝粒把染色体分为短臂（p）和长臂（q）两部分，短臂和长臂的末端有特殊核苷酸序列组成的特化部位称端粒，端粒维持染色体结构的稳定性和完整性；人类少数染色体（如1号、9号、16号）的长臂上偶可见凹陷缩窄部位，称次缢痕；人类近端着丝粒染色体的短臂末端常可见球形结构，称之为随体，随体与短臂之间的缩窄区域与 RNA 合成和核仁形成有关。

（2）人类染色体的类型：人类染色体依据着丝粒的相对位置分为三种类型：①中央着丝粒染色体；②亚中着丝粒染色体；③近端着丝粒染色体。

2. 人类染色体核型　人类体细胞染色体数目为46条，根据丹佛体制，将人类染色体共分7个组（A~G），将一个中期细胞全部染色体数目、形态特点进行分析称为核型分析，正常男性和正常女性核型分别为46,XY 和46,XX。染色体的显带技术是用特殊染料染色后染色体沿纵轴呈现明暗相间的横纹，一些区域可以有指标性意义，可以将染色体分为不同的区、带，可发现染色体更细微的变化。

3. 性染色质　性染色质是性染色体的异染色质区域在间期细胞核中显示的一种特殊结构。

（1）X 染色质：雌性哺乳动物及人类女性个体间期细胞核膜内侧有约 $1\mu m$ 特征性的浓染小体，是由遗传上失活的 X 染色体形成，称 X 染色质。细胞中 X 染色质数目等于 X 染色体数目减1。

（2）Y 染色质：正常男性间期细胞中 Y 染色体长臂远端的异染色质区，可以被荧光染料染色发光，在细胞核内出现一个约 $0.3\mu m$ 的强荧光小体，称 Y 染色质，其数目与 Y 染色体数目一致。

二、染色体畸变

染色体畸变指体细胞或生殖细胞内染色体发生的异常改变。染色体畸变可分为数目异常和结构畸变两大类。

1. 染色体畸变的诱因　包括物理因素、化学因素、生物因素、年龄因素、遗传因素等。

2. 染色体畸变的类型

（1）染色体数目异常：染色体数目异常分为整倍性改变和非整倍性改变。整倍性改变是体细胞内染色体的数目在二倍体的基础上，以整个基本染色体组（n=23）为单位的增多或减少。在人类流产儿中可见到三倍体（3n）和四倍体（4n），三倍体形成的原因有双雌受精、双雄受精；四倍体由核内复制和核内有丝分裂所致。细胞中个别染色体数的增加或减少，形成非整倍体。当人类细胞内染色体总数少于 46 条时，称为亚二倍体；多于 46 条时称为超二倍体。单体型是某对染色体少了一条，使细胞内染色体总数只有 45 条，单体型可造成严重的临床后果。三体型是某号染色体增加了一条，使细胞内染色体总数为 47 条，在临床染色体病中最常见。非整倍体形成的原因为细胞分裂时发生染色体不分离、染色体丢失。

（2）染色体结构畸变：染色体结构畸变是由于在多种因素作用下发生染色体断裂，随之发生染色体断片的移位、重接或丢失，结构畸变有缺失、倒位、易位、插入、重复等多种类型。

1）缺失：是染色体断裂后的片段发生丢失，包括末端缺失和中间缺失。

2）倒位：是染色体上发生两处断裂后，两断裂点之间的片段旋转 180° 重接，包括臂内倒位和臂间倒位，遗传物质未丢失，但基因顺序改变。

3）易位：是当两条或多条非同源染色体同时发生断裂时，可能是一条染色体断片接到另一条染色体上，也可能是相互交换重接形成两条重排染色体，包括单向易位、相互易位、罗伯逊易位、复杂易位，形成新的染色体：其中相互易位是指两条非同源染色体分别发生一处断裂，相互交换无着丝粒片段后重接，形成两条重排染色体；罗伯逊易位是发生在两条近端着丝粒染色体上，两染色体在近着丝粒附近断裂，两长臂在着丝粒区融合形成衍生染色体，两短臂亦融合形成一小染色体，常在下一次分裂时丢失，罗伯逊易位携带者一般无临床症状，形成配子时可出现异常，造成部分胚胎死亡或生出先天畸形儿。

4）插入：是指一条染色体的片段插入另一条染色体中的现象，涉及两条染色体共三处断裂，分为正位插入和倒位插入。

5）重复：是指一条染色体上某一片断增加了一份以上的现象，使相应基因增加了一份或几份，是同源染色体之间的不等交换和染色体同源片段插入所致。

（3）嵌合体：一个个体内同时存在两种或两种以上不同染色体核型的细胞系，称为嵌合体。嵌合体的发生机制可以是卵裂过程中发生的染色体丢失，也可以是卵裂过程中发生的染色体不分离。

三、染色体病

染色体病指由于染色体数目或结构异常所导致的疾病。由于其常涉及先天性多发畸形、发育迟缓、智力低下、流产或不育，故又称染色体异常综合征。

染色体病分为常染色体病、性染色体病。常染色体病是常染色体异常所导致的疾病，包括三体综合征、单体综合征、部分三体综合征、部分单体综合征和嵌合体等。常见的主要有 21 三体综合征（Down 综合征）、18 三体综合征，偶见 13 三体综合征和 5p$^-$ 综合征。

性染色体病是人类性染色体数目异常或结构畸变引起的疾病，共同特征是性发育不全、两性畸形、生育力下降和不同程度的智力低下，主要有先天性睾丸发育不全综合征、XYY 综合征、先天性卵巢发育不全综合征、多 X 综合征、脆性 X 综合征等。两性畸形指病人性腺、外生殖器和副性征不同程度地具有两性特征，可分为真两性畸形和假两性畸形，是由基因突变、染色体畸变所致。

【难点解析】

一、莱昂假说

Mary Lyon 提出的 X 染色质失活假说要点是：①正常女性体细胞内仅一条 X 染色体有活性，另一条失活，呈异固缩状态，即 X 染色质，又称 Lyon 化现象；②X 染色质失活发生在胚胎发育早期，人类大约在妊娠后 16d；③X 染色质失活是随机的，Lyon 化的 X 染色体可来自父亲也可来自母亲。失活又是永久的和克隆式繁殖的，即如果是父源 X 染色体失活，其子代细胞中失活的 X 染色体均为父源的，反之亦然。因此失活是随机的，但却是恒定的。近期研究表明失活的 X 染色体的基因不都完全失活，有一些还是有活性的，据此可以解释 45,X 发病原因。

二、染色体倒位、易位的分子细胞遗传学效应

在染色体畸变中，易位和倒位较多见。平衡易位携带者及倒位的个体常无临床表现。非同源染色体相互易位携带者在减数分裂过程中配子形成时，同源片段配对形成四射体、三射体，经分离可形成较高比例的异常配子，例如同源罗氏易位，如 t(14q;14q)、t(21q;21q)配子全部异常，受精卵 50% 三体型，50% 单体型。非同源罗伯逊易位，相关三条染色体配对形成三价体，分离后形成 6 种不同配子，受精后的六种合子中，2/3 为流产胚胎或发育为染色体异常病人，余者为正常及类似亲代的携带者。

倒位携带者遗传物质总量没有改变，在配子形成过程中，减数分裂时同源染色体配对在第一次减数分裂前期形成特有的倒位圈。倒位圈内若发生奇数交换，理论上形成四种配子，一种为正常，一种有倒位染色体，其余的带有部分缺失或部分重复，无着丝粒片段或双着丝粒染色体，临床上常表现为婚后不育、经期延长及流产等。

三、Down 综合征的细胞遗传学

Down 综合征的几种核型见表 15-1。

表 15-1 Down 综合征的几种核型

名称	核型	遗传特点	所占比例
标准型	47,XX(XY),+21	发生与母亲年龄密切相关	90%
D/G 易位	46,XX(XY),−14,+t(14q21q)	发生与母亲年龄相关性不大	8%
G/G 易位	46,XX(XY),−21,+t(21q21q)		
嵌合型	46,XX(XY)/47,XX(XY),+21	发生与母亲年龄相关性不大	2%

四、染色体畸变携带者

染色体畸变携带者是指本身带有结构异常的染色体而表型正常的个体，临床特征是婚后不育、流产、新生儿死亡、生育畸形和智力低下儿等。由于携带者常无临床病症而被忽视，但造成的后果却不容忽视。在染色体畸变携带者中，平衡易位个体在配子形成减数分裂时，可形成较高比例的异常配子。例如同源罗伯逊易位，如 t(21q;21q)配子全部异常，受精卵 50% 三体型，50% 单体型，后者不能存活。倒位携带者减数分裂时同源染色体配对在前期 I 形成特有的

倒位圈,倒位圈内发生奇数交换,带有部分缺失或部分重复,无着丝粒片段或双着丝粒染色体,无法生育;不交换配子受精后发育为正常及携带者。

【练习题】

一、名词解释

1. 核型与核型分析
2. X 染色质与 Y 染色质
3. 染色体畸变
4. 缺失
5. 倒位
6. 易位与罗伯逊易位
7. 嵌合体
8. 染色体病
9. 染色体不分离
10. 染色体丢失

二、选择题

(一)单选题(A1 型题)

1. 下列畸变发生后,经过有丝分裂,细胞中染色体数目会减少的是（　　）。
   A. 单向易位　　　　　　B. 串联易位　　　　　　C. 罗伯逊易位
   D. 重复　　　　　　　　E. 倒位

2. 嵌合体形成的原因可能是（　　）。
   A. 卵裂过程中发生了联会的同染色体不分离
   B. 生殖细胞形成过程中发生了染色体的丢失
   C. 生殖细胞形成过程中发生了染色体的不分离
   D. 卵裂过程中发生了染色体不分离及染色体丢失
   E. 卵裂过程中发生了同源染色体的错误配对

3. 能造成染色体整倍性改变的机制是（　　）。
   A. 染色体不分离　　　　B. 双雄受精　　　　　　C. 易位
   D. 双着丝粒染色体　　　E. 染色体倒位

4. 14/21 平衡易位携带者与正常人婚配,婚后生育第一个孩子为女孩,此女孩患 Down 综合征的风险是（　　）。
   A. 1/3　　　　　　　　B. 1/4　　　　　　　　C. 1/2
   D. 1　　　　　　　　　E. 3/4

5. 体细胞中染色体的数目在二倍体的基础上增加一条可形成（　　）。
   A. 单倍体　　　　　　　B. 部分单体型　　　　　C. 单体型
   D. 三体型　　　　　　　E. 部分三体型

6. 正常人体精细胞为（　　）。

A. 单倍体   B. 三倍体   C. 单体型

D. 三体型   E. 部分三体型

7. 一个个体中含有不同染色体数目的两个细胞系,则此个体为( )。

A. 多倍体   B. 非整倍体   C. 嵌合体

D. 三倍型   E. 三体型

8. 染色体数目非整倍性改变产生的原因为( )。

A. 核内复制   B. 核内有丝分裂   C. 染色体倒位

D. 染色体不分离   E. 染色体重复

9. 若某一个体核型为 46,XY/47,XY,+13 则表明该个体为( )。

A. 性染色体结构异常   B. 性染色体数目异常的嵌合体

C. 常染色体结构异常   D. 常染色体数目异常的嵌合体

E. 常染色体结构异常的嵌合体

10. 46,XX,t(5;6)(q31;q21)表示( )。

A. 一男性,体细胞有一缺失染色体

B. 一男性,体细胞发生了染色体的易位

C. 一男性,体细胞内有一等臂染色体

D. 一女性,体细胞有易位染色体

E. 一女性,体细胞发生了染色体片段的插入

11. 正常女性体细胞内 X 染色质数目为( ),Y 染色质数目为( )。

A. 0;0   B. 1;0   C. 1;1

D. 0;1   E. 2;1

12. 超二倍体是( )。

A. 细胞内染色体数目比二倍体增加一条或数条

B. 细胞内染色体数目比二倍体减少一条或数条

C. 染色体数目在二倍体的基础上整组地增加

D. 染色体数目在二倍体的基础上整组地减少

E. 染色体数没有变化

13. 含有三个细胞系的嵌合体可能是由于以下哪种原因造成的( )。

A. 减数分裂中第一次有丝分裂时染色体不分离

B. 减数分裂中第二次有丝分裂时染色体不分离

C. 受精卵第一次卵裂时染色体不分离

D. 受精卵第二次卵裂之后染色体不分离

E. 受精卵第二次卵裂之后染色体丢失

14. 染色体结构畸变的基础是( )。

A. 姐妹染色单体交换   B. 染色体核内复制

C. 染色体断裂及断裂之后的异常重排   D. 染色体不分离

E. 染色体丢失

15. 关于莱昂假说错误的叙述是( )。

A. 失活发生在胚胎早期

B. X 染色质的失活是随机的

  C. 女性体细胞内仅有一条 X 染色体是有活性的

  D. 失活的 X 染色体会恒定的遗传给下一代

  E. 男性的 X 染色体在遗传上是失活的

16. 染色体带的表示方法正确的是（ ）。

  A. 顺序是：①区的序号；②臂的符号；③染色体号；④带的序号

  B. 顺序是：①臂的符号；②染色体号；③区的序号；④带的序号

  C. 顺序是：①染色体号；②臂的符号；③区的序号；④带的序号

  D. 顺序是：①带的序号；②臂的符号；③区的序号；④染色体号

  E. 顺序是：①带的序号；②区的序号；③臂的符号；④染色体号

17. 一个有染色体结构畸变的核型，用简式表示时，需要描述的内容的顺序正确的是（ ）。

  A. ①性染色体组成；②染色体总数；③畸变的类型符号；④受累染色体的号序；⑤断裂点的区带号

  B. ①畸变的类型符号；②性染色体组成；③染色体总数；④受累染色体的号序；⑤断裂点的区带号

  C. ①染色体总数；②性染色体组成；③畸变的类型符号；④受累染色体的号序；⑤断裂点的区带号

  D. ①受累染色体的号序；②性染色体组成；③畸变的类型符号；④染色体总数；⑤断裂点的区带号

  E. ①断裂点的区带号；②性染色体组成；③畸变的类型符号；④染色体总数；⑤受累染色体的号序

18. 某一染色体发生两处断裂，中间的片段旋转 180° 后重接，产生（ ）。

  A. 缺失   B. 倒位   C. 相互易位

  D. 插入   E. 重复

19. 倒位染色体携带者在临床上可能表现出（ ）。

  A. 造成习惯性流产

  B. 胎儿满月脸、猫叫样哭声

  C. 胎儿表型男性、乳房发育、小阴茎、隐睾

  D. 患儿身材高大、性格暴躁、常有攻击性行为

  E. 两性畸形

20. 某染色体断裂后，断片未能与断端重接，结果造成（ ）。

  A. 缺失   B. 倒位   C. 易位

  D. 插入   E. 重复

（二）单选题（A2 型题）

1. 具有摇椅样足表型的染色体病是（ ）。

  A. Klinefelter 综合征 B. Edward 综合征 C. WAGR 综合征

  D. 猫叫样综合征   E. Down 综合征

2. 以下染色体病，由于染色体结构畸变引起的是（ ）。

  A. Klinefelter 综合征 B. Patau 综合征 C. Edward 综合征

  D. 5p⁻ 综合征   E. Down 综合征

3. 核型为 46, XY, −13, +t（13q21q）者可诊断为（　　　）。

    A. Klinefelter 综合征　　　B. Patau 综合征　　　C. Edward 综合征

    D. WAGR 综合征　　　E. Down 综合征

4. Turner 综合征的典型核型是（　　　）。

    A. 48, XXXX　　　B. 47, XXY　　　C. 48, XXXY

    D. 45, X　　　E. 47, XYY

5. 以身材高、睾丸小、第二性征发育差、不育为特征的是（　　　）。

    A. Edward 综合征　　　B. Down 综合征　　　C. 猫叫综合征

    D. Turner 综合征　　　E. Klinefelter 综合征

（三）多选题（X 型题）

1. 染色体结构畸变的类型有（　　　）。

    A. 交换　　　B. 插入　　　C. 丢失

    D. 倒位　　　E. 易位

2. 下列人类细胞中具有 23 条染色体的是（　　　）。

    A. 精原细胞　　　B. 卵原细胞　　　C. 次级卵母细胞

    D. 次级精母细胞　　　E. 卵细胞

3. 染色体发生整倍性数目改变的原因包括（　　　）。

    A. 核内复制　　　B. 染色体重复　　　C. 双雄受精

    D. 双雌受精　　　E. 染色体重排

4. 下述哪种染色体病具有严重智力低下的症状（　　　）。

    A. Down 综合征　　　B. Klinefelter 综合征　　　C. 脆性 X 综合征

    D. Turner 综合征　　　E. 苯丙酮尿症

5. 当染色体的两个末端同时断裂后重接可形成（　　　）。

    A. 等臂染色体　　　B. 双着丝粒染色体　　　C. 环状染色体

    D. 衍生染色体　　　E. 以上都不是

6. 染色体畸变发生的原因包括（　　　）。

    A. 物理因素　　　B. 化学因素　　　C. 生物因素

    D. 遗传因素　　　E. 母亲年龄

7. 染色体发生非整倍性改变的原因包括（　　　）。

    A. 染色体丢失　　　　　　B. 姐妹染色单体不分离

    C. 同源染色体不分离　　　　　　D. 染色体缺失

    E. 染色体插入

8. 等臂染色体的形成机制包括（　　　）。

    A. 染色体缺失　　　B. 着丝粒纵裂　　　C. 着丝粒横裂

    D. 染色体插入　　　E. 染色体易位

9. 三倍体产生的机制有（　　　）。

    A. 双雄受精，即两个精子同时进入一个卵子中

    B. 两个受精卵融合

    C. 双雌受精，卵子发生时，由于某种原因没有形成极体，形成二倍体的卵子，受精后发育所致

D. 合子卵裂过程中,细胞核复制,而细胞不分裂

E. 核内有丝分裂

10. 46,XX,del(1)(pter→q21::q31→qter)表示( )。

A. 缺失

B. 2号染色体在长臂的2区1带与3区1带发生两次断裂

C. 重复

D. 1号染色体在长臂的2区1带与3区1带发生两次断裂,两断点间的片段丢失

E. 易位

11. 染色体重复发生的原因可为( )。

A. 同源染色体发生不等交换　　　　　　B. 染色单体之间发生不等交换

C. 染色体片段插入　　　　　　　　　　D. 核内复制

E. 双雄受精

12. 在下列染色体畸变中,在染色体长臂或短臂中发生断裂的有( )。

A. 缺失　　　　　　　　B. 等臂染色体　　　　　　　　C. 重复

D. 罗伯逊易位　　　　　　E. 倒位

13. 罗伯逊易位容易产生于下列( )染色体之间的易位

A. D/D　　　　　　　　B. D/G　　　　　　　　C. D/E

D. G/F　　　　　　　　E. G/G

14. 关于脆性X综合征地叙述错误的是( )。

A. 男性发病率低于女性

B. 主要表现为智力低下的染色体病

C. 脆性X综合征基因5′端非翻译区有遗传不稳定CGG三核苷酸重复序列的扩增,且有相邻区域的CpG岛异常甲基化

D. 该基因突变属于动态突变,前突变也会发病

E. 男性病人的脆性X染色体来自携带者母亲

15. 唐氏综合征病人的核型可为( )。

A. 47,XX(XY),+21　　　　　　　　　　B. 46,XX(XY),−14,+t(14q21q)

C. 45,XX(XY),−14,−21,+t(14q21q)　　D. 46,XX(XY)/47,XX(XY),+21

E. 46,XX(XY),−21,+i(21q)

三、填空题

1. 染色体畸变包括_____和_____两大类。

2. 多倍体的产生机制包括_____、_____和_____。

3. 染色体非整倍性改变有_____、_____。

4. 核内复制和核内有丝分裂可形成_____。

5. 一个体内具有两种或两种以上核型的细胞系,该个体称为_____。

6. 含倒位和相互易位染色体没有遗传物质丢失,无表型改变,称_____。

7. 倒位染色体携带者在配子发生减数分裂时,倒位染色体配对后形成一特殊结构称_____。

8. 在卵裂过程中发生_____或_____,可造成嵌合体。

9. 染色体的倒位可以分为_____和_____。

10. 两性畸形根据体内是否含有_____,可以分为_____和_____。

四、问答题

1. 什么是嵌合体? 嵌合体发生的机制是什么?

2. 倒位染色体携带者无表型异常,为什么会出现习惯性流产?

3. 什么是染色体畸变携带者? 染色体畸变携带者检测有何临床意义?

4. 21 三体综合征的核型有哪些? 21 三体综合征有哪些主要的临床表现?

5. 请写出先天性睾丸发育不全综合征的核型及主要临床表现。

6. 请写出先天性卵巢发育不全综合征的核型及主要临床表现。

【参考答案】

一、名词解释

1. 核型 人类一个体细胞中全部染色体的特征(如大小、形态和结构特征)称为核型。

核型分析 对核型进行染色体数目、形态特征的分析过程。

2. X 染色质 在雌性哺乳动物和人类女性个体中,在正常间期细胞核膜内侧有一个特征性的浓缩小体,其与性别和 X 染色体数目有关,在雄性或男性中不存在,称为 X 染色质。

Y 染色质 正常男性细胞中 Y 染色体长臂远端部分为异染色质,可被荧光染料染色发出荧光。因此,正常男性的间期细胞用荧光染料染色后,在细胞核内出现一强荧光小体,称为 Y 染色质。

3. 染色体畸变 人类细胞中染色体在数目或结构上的改变统称为染色体畸变。

4. 缺失 指染色体断裂后,形成有着丝粒和没有着丝粒的片段,没有着丝粒的片段在细胞分裂时不能受纺锤丝牵引进行正常定向移动,被遗失在细胞质中,而保留下来的染色体丢失了相应片段的遗传物质。缺失可分为中间缺失和末端缺失。

5. 倒位 指某一染色体发生两处断裂,中间的片段旋转 180° 后重接。根据倒位的片段是否涉及染色体着丝粒区域可分为臂内倒位和臂间倒位。

6. 易位 一条染色体的断片移接到另一条非同源染色体的臂上,这种结构畸变称为易位。

罗伯逊易位 指发生在近端着丝粒染色体之间的一种特殊易位,即两条近端着丝粒染色体在着丝粒附近发生断裂,两个染色体的长臂在着丝粒区融合形成一条新的染色体,又称着丝粒融合。

7. 嵌合体 指一个个体体内同时存在两种或两种以上不同核型的细胞系。

8. 染色体病 人类染色体数目或结构畸变所导致的遗传性疾病称为染色体病。

9. 染色体不分离 细胞分裂时某些染色体没有按照正常的机制分离,从而造成两个子细胞中染色体数目的不等分配,是超二倍体和亚二倍体形成的基本原因。减数分裂不分离可导致单体型和三体型合子的产生;而发生在卵裂早期的有丝分裂不分离可造成胚胎中嵌合体的出现,即胚胎中同时含有染色体数目正常的和染色体数目异常的细胞。

10. 染色体丢失 在细胞分裂的中期至后期阶段,某一条染色体的着丝粒未能与纺锤丝相连,因而在后期不能被拉向细胞的任何一极;或者某条染色体在向一极移动时,由于某种原因导致移动迟缓,使该染色体不能随其他染色体一起被包围在新的细胞核内。这种滞留在细胞质中的染色体最终被分解而丢失,使分裂后的一个子细胞成为缺少一条染色体的单体型。

二、选择题

(一)单选题(A1型题)

1. C　2. D　3. B　4. A　5. D　6. A　7. C　8. D　9. D　10. D　11. B　12. A
13. D　14. C　15. E　16. C　17. C　18. B　19. A　20. A

(二)单选题(A2型题)

1. B　2. D　3. E　4. D　5. E

(三)多选题(X型题)

1. BCDE　2. CDE　3. ACD　4. AC　5. C　6. ABCDE　7. ABC　8. CE　9. AC
10. AD　11. ABC　12. ACDE　13. ABE　14. AD　15. ABDE

三、填空题

1. 数目畸变;结构畸变
2. 双雌受精;双雄受精;核内复制
3. 单体型;三体型或多体型
4. 四倍体
5. 嵌合体
6. 染色体畸变携带者
7. 倒位圈
8. 染色体丢失;染色体不分离
9. 臂内倒位;臂间倒位
10. 睾丸和卵巢(两性性腺);真两性畸形;假两性畸形

四、问答题

1. 嵌合体是指含有两种或两种以上不同核型细胞系的个体。嵌合体的发生机制:受精卵卵裂过程中染色体不分离、染色体丢失,就形成染色体数目异常嵌合体;当卵裂早期发生染色体断裂,有可能形成染色体结构异常的嵌合体,依据异常细胞系所占比例大小可由异常表型过渡到正常。由于常染色体单体的细胞难以存活,所以临床上检测到的多为超二倍体与二倍体的嵌合体。

2. ①由于倒位发生时一般没有遗传物质的丢失,所以无表型异常;②在形成配子时,同源染色体配对形成特殊的结构,称倒位圈;③若倒位圈内发生交换重组,会产生带有染色体部分缺失或部分重复的配子,受精后会出现致死性的胚胎,发育到某一阶段出现流产。

3. 染色体畸变携带者是指本身带有结构异常的染色体而表型正常的个体。染色体畸变携带者临床特征是婚后不育、流产、新生儿死亡、生育畸形和智力低下儿等。由于染色体畸变携带者常无临床病症往往被忽视,在染色体畸变携带者中以易位和倒位较多见,配子形成减数分裂时,可形成较高比例的异常配子。同源罗氏易位,如t(21q;21q)配子全部异常,受精卵50%三体型,50%单体型,后者不能正常发育,所以生育Down综合征患儿的概率为100%。倒位携带者虽然遗传物质总量没有改变,同源染色体配对时形成特有的倒位圈,倒位圈内若发生奇数交换,1/2带有部分三体或部分单体,常导致婚后不育、经期延长、流产和死产、新生儿死亡、生育畸形儿或智力低下儿等。对不育夫妇检测和产前诊断是防止染色体病儿出生的有效方法。

4. Down 综合征发病原因为 21 三体。该综合征核型有三体型、易位型和嵌合型三种类型。三体型:47,XX(XY),+21;易位型:46,XX(XY),-14,+t(14;21)(p11;q11);嵌合型:46,XX(XY)/47,XX(XY),+21。21 三体主要临床表现为生长发育迟缓、不同程度的智力低下和包括头面部特征在内的一系列异常体征,其中智力发育不全是最突出、最严重的症状,病人的智商在 25~50 之间,生活自理比较困难。病人呈现特殊面容:常有眼距过宽、眼裂狭小、外眼角上倾、内眦赘皮、鼻根低平、外耳小、耳廓常低位或畸形、硬腭窄小、舌大常伸出口外、流涎多,故又被称为伸舌样痴呆。病人其他症状或体征还有:肌张力低下、四肢短小、手短宽而肥、第五手指因中间指骨发育不良而只有一条指横褶纹、皮纹异常,如 50% 有通贯手;40% 有先天性心脏病,白血病的发病风险是正常人的 15~20 倍;容易发生呼吸道感染;白内障发病率较高。存活至 35 岁以上的病人可出现老年性痴呆(Alzheimer 病)的病理表现。

5. 先天性睾丸发育不全综合征又称作 Klinefelter 综合征或 XXY 综合征,其核型可有多种改变,其中以 47,XXY 最典型;其他还有如 47,XXY/46,XY 等。本病的主要临床表现是男性不育、第二性征发育不明显并呈女性化发展以及身材高大等。在青春期之前,病人没有明显的症状;青春期后,逐渐出现睾丸小、阴茎发育不良、精子缺乏、乳房发育女性化、男性第二性征发育不良、可伴随发生先天性心脏病等,部分病人有智力障碍。

6. 先天性性腺发育不全综合征又称先天性卵巢发育不全综合征或 Turner 综合征,其核型为 45,X,除此之外还有 45,X/46,XX;45,X/46,XX/47,XXX;45,X/47,XXX 和 45,X/46,X,i(Xq)等嵌合体。这种疾病的主要临床表现包括表型为女性,身材较矮小,智力正常或稍低,原发闭经,后发际低,50% 病人有颈蹼。病人具有女性的生殖系统,但发育不完善,卵巢条索状,子宫发育不全,外生殖器幼稚;第二性征不发育,胸宽而平,乳腺、乳头发育较差;乳间距宽。

(左 宇)

第十六章 群体中的基因

【内容要点】

一、遗传平衡定律及其应用

群体是指一群相对独立地生活在某一区域中,相互之间具有复杂联系,且能够相互交配并产生具有生殖能力后代的同种生物个体的集合,又称为种群或孟德尔式群体。

基因频率是指一个群体中某个基因在其全部等位基因中所占的数量比例。一个群体中同一基因座上各等位基因的基因频率之和等于1。$p+q=1$。基因型频率是指一个群体中某一基因型的个体占该群体总数的比例。一个群体中,同一基因座上等位基因的各基因型频率之和也等于1。$D+H+R=1$。基因频率与基因型频率的换算关系为:$p=D+H/2$;$q=R+H/2$。

一个很大的可以随机交配的群体,在没有突变、选择和大规模的个体迁移的条件下,其基因频率和基因型频率在世代传递中始终保持稳定不变。这一结论称为遗传平衡定律,又称为Hardy-Weinberg定律。遗传平衡公式为$D:H:R=p^2:2pq:q^2$。判断一个群体是否为平衡群体的标志是基因型频率在上下代之间保持不变。一个群体,不管其原始的基因频率如何,是否处于平衡状态,只要经过一代随机交配,这个群体就能达到遗传平衡。

对于 AR 遗传病来说,群体发病率就是隐性纯合子(aa)的频率,即 q^2。当隐性基因频率越低时,携带者频率是发病率的 $2/q$ 倍。说明人群中隐性致病基因几乎都以表型正常的携带者方式存在。因此人群中携带者的检出,对 AR 遗传病的预防具有重要意义。对于 AD 遗传病来说,$p\approx$发病率$/2$。即常染色体显性遗传病致病基因频率约等于群体发病率的一半。男性染色体为 XY,其 X 连锁致病基因频率即为群体发病率,对于罕见的 XR 遗传病,人群中男性病人(X^aY)与女性病人(X^aX^a)的比值为 $q/q^2=1/q$,即男性病人远远要多于女性病人;女性携带者(X^aX^a)与男性病人(X^aY)比值为 $2pq/q\approx2$,即女性携带者约为男性病人的 2 倍。对于罕见的 XD 遗传病,人群中男性病人与女性病人的比例为 $p/(p^2+2pq)\approx1/2$,即女病人约为男病人的 2 倍。

二、影响遗传平衡的因素

1. 突变 突变会改变基因原本的结构和功能,从而影响突变个体的生存、生殖和群体的遗传结构,打破群体已建立的遗传平衡。$p=v/(u+v)$;$q=u/(u+v)$。在只有突变存在而没有选择等其他因素影响的情况下,群体的基因频率完全由等位基因的突变率 u 和 v 的差异来决定,遗传平衡由等位基因的双向突变来维持。

2. 选择 选择是生物在自然环境的压力下优胜劣汰的过程。由突变产生的个体之间基因型的差异导致的个体生存能力和生育能力的差异是选择的直接原因。

适合度（f）是指一个群体中某种基因型个体能够适应环境而生存,并产生有生殖能力后代的相对能力。常用相对生育率,即病人人群生育率和正常人群生育率之比来衡量。选择系数（s）又称为淘汰系数,是指一个群体中某种基因型个体面对自然选择而被淘汰的概率,即在选择作用下降低了适合度。s = 1 - f。选择压力是指选择改变群体遗传结构所产生作用的大小。选择压力越大,致病基因频率在群体中降低的速度就越快。

选择对 AD 遗传病致病基因的作用十分显著,后代 AD 遗传病发病率主要靠突变来维持。但当选择压力放松或为延迟 AD 遗传病时,显性致病基因得以保留和遗传,使后代的致病基因频率和发病率显著增高,后代 AD 遗传病致病基因主要由遗传而来。选择作用对隐性致病基因是缓慢的、微小的。隐性致病基因频率降低的速度可以按照公式 $N = 1/q^n - 1/q$ 来计算。对于 XR 遗传病,女性致病基因 X^a 不受选择的作用,男性拥有的占男女总数 1/3 的致病基因 X^a 将面临选择压力。

遗传基因的平衡多态是指在一个群体中的同一基因座上存在两个等位基因或两个以上复等位基因的现象。

3. 迁移 迁移是指一个生物群体中的部分个体因某种原因迁入另一个同种生物群体中定居和杂交的现象。迁移引发群体间的基因流动,形成迁移基因流。

4. 随机遗传漂变 在一个相对封闭的小群体中,由于偶然事件而造成的基因频率在世代传递中的随机波动现象,称为随机遗传漂变,简称遗传漂变。遗传漂变往往导致一个小群体中某些基因的消失或固定,从而改变群体遗传结构。

5. 隔离 由于地理环境、信仰、民族习俗等因素限制,使得一个群体不与外界通婚交配,没有与其他群体的基因交流,称为隔离。隔离可使小群体产生建立者效应,使群体中的纯合子频率增加,一些异常的基因频率特别高,形成类似近亲婚配的遗传效应。

6. 近亲婚配 在 3~4 代之内有共同的祖先称为近亲。近亲结婚称为近亲婚配。近亲婚配使后代成为同一祖先基因纯合子的概率称为近婚系数。

近婚系数的计算,当近亲婚配的夫妻双方有两个共同祖先时,$F = 4 \times (1/2)^n$。表兄妹间常染色体基因的近婚系数 $F = 1/16$。计算 X 染色体连锁基因的近婚系数时,只计算生育女儿的 F 值。平均近婚系数即从群体角度来估计近亲婚配的程度,可按公式 $a = \sum (M_i \times F_i/N)$ 来计算。在一些隔离的小群体中,a 值往往较高;而在发达国家和开放的社会中,a 值一般都很低。

近亲婚配的危害主要表现:群体中隐性致病基因纯合子病人的频率增高,导致后代隐性纯合子的相对风险增加,导致后代的基因纯合位点增多,打破了人类长期自然繁衍形成的全部基因相互作用相互制约的遗传平衡关系,使后代出现遗传缺陷、抗病力下降、繁殖力减退、生命早亡等效应。

三、遗传负荷

遗传负荷是指一个群体由于有害基因或者致死基因的存在而使群体适合度降低的现象。遗传负荷的来源主要包括突变负荷、分离负荷和置换负荷。

对遗传负荷的估计,一般用群体中人均携带有害基因或致死基因的数目来表示。常用的估计方法有利用 AR 遗传病发病率的粗略估计法和通过实际调查 AR 遗传病携带者频率的直接计算法。

【难点解析】

一、遗传平衡定律及其应用

理解遗传平衡定律应把握这样几点：①遗传平衡的核心内容是群体的基因频率和基因型频率在世代传递中保持恒定不变；②能够保持遗传平衡的群体一定是：群体很大、群体中的个体间能够随机交配、没有突变发生、没有选择、没有大规模迁移；③判断一个群体是否是遗传平衡的群体，其关键不是基因频率在上下代之间保持不变，而是基因型频率在上下代之间保持不变。上下代之间基因频率不变，基因型频率可能会有变化；基因型频率不变，基因频率一定不变。在医学群体遗传学上，通过调查群体发病率，运用遗传平衡公式 $D:H:R=p^2:2pq:q^2$ 可以计算出人群某致病基因的频率和基因型频率。

二、影响遗传平衡的因素

从满足遗传平衡的 5 个条件看，群体大小、是否有突变发生、选择压力、迁移数量和基因频率差异以及婚配方式都是影响遗传平衡的重要因素，其中一个因素发生变化就会打破既有平衡，造成基因频率和基因型频率在世代传递中出现波动。隔离的小群体可以造成遗传漂变，形成建立者遗传效应。群体遗传学上讲的隔离主要是生殖隔离，即由于各种原因一个群体不与其他群体通婚，没有其他群体基因的流入，在形成隔离的原因中地理环境隔离是主要因素，其他诸如宗教信仰、民族习俗等也可以使一个群体成为非地理环境而隔绝的群体。突变和选择是普遍存在的自然现象，是生物进化的源泉。能够引发突变的因素庞杂众多，人类无法逃避，有突变就会改变遗传结构，改变群体的基因频率和基因型频率。突变大多都是有害的，有突变就会有选择，致死突变面临选择压力最大，"优胜劣汰，适者生存"是生物进化不变的自然法则。大规模迁移会造成群体间的基因流动，改变迁入群体的遗传结构频率，群体越小，影响越大。群体保持遗传平衡的关键因素是群体中个体可以随机交配，不管其原始的基因频率如何，是否处于平衡状态，只要经过一代随机交配，这个群体就能达到遗传平衡。近亲婚配会造成后代遗传缺陷、遗传病发病率显著提高。

三、近亲婚配

在计算近婚系数时，首先要搞清亲缘关系和亲缘系数。直系血亲的亲缘关系很好理解，每个人都遗传了父母各自一半的遗传物质，与父母分别有 1/2 的遗传物质是相同的，遗传学上把有 1/2 遗传物质相同的两个人之间的亲缘关系定义为一级亲属，亲缘系数是 1/2，一级亲属包括亲子关系和同胞关系。以此类推，二级亲属亲缘系数是 1/4，包括祖孙关系、叔侄关系、舅甥关系等；三级亲属亲缘系数为 1/8，包括堂兄弟姊妹关系、表兄弟姊妹关系等。亲缘系数是指两个人基因组成的相似程度，即有共同祖先的两个人，在某一位点上具有同一基因的概率。而近婚系数是近亲结婚使后代成为同一祖先基因纯合子的概率。亲缘系数越大，亲属关系越近；近婚系数越大，近亲结婚后代成为包括致病基因在内的基因纯合子的概率就越高，对后代的遗传危害就越大。

【练习题】

一、名词解释

1. 孟德尔式群体
2. 基因库
3. 基因频率
4. 基因型频率
5. 遗传平衡定律
6. 选择
7. 适合度
8. 选择系数
9. 平衡多态
10. 迁移
11. 遗传漂变
12. 近亲婚配
13. 迁移压力
14. 建立者效应
15. 遗传负荷
16. 近婚系数
17. 突变负荷
18. 分离负荷
19. 置换负荷
20. 平均近婚系数

二、选择题

（一）单选题（A1 型题）

1. 遗传学上关于群体概念的表述正确的是（　　　）。
   A. 群体中的基因按照孟德尔方式遗传
   B. 它是通过有性繁殖而连结起来的同种个体的集合
   C. 作为整体来说,是构成一个繁殖社会
   D. 一个群体中,每个个体分享共同的基因库,形成各种基因型
   E. 以上都包括

2. 一个群体的全部遗传信息称为（　　　）。
   A. 基因库 　　　　　　B. 基因型 　　　　　　C. 基因频率
   D. 基因型频率 　　　　E. 基因组

3. 一个群体中某一基因型的个体占该群体总数的比例称（　　　）。
   A. 基因组 　　　　　　B. 基因库 　　　　　　C. 基因型
   D. 基因频率 　　　　　E. 基因型频率

4. 一个群体中某一基因座上有等位基因 A 和 a,基因 A 的频率为 p,基因 a 的频率为 q,则 p+q=(　　)。

    A. 0   B. 0.2   C. 0.5

    D. 1   E. 2

5. 一个群体中有一对等位基因 A 和 a,基因型 AA 的频率为 D,基因型 Aa 的频率为 H,基因型 aa 的频率为 R,则 D+H+R=(　　)。

    A. 0   B. 0.3   C. 1

    D. 3   E. 2

6. 我国新生儿苯丙酮尿症发病率为 1/6500,试问该种致病基因在我国人群中的频率是多少?(　　)。

    A. 1/6500   B. 2 × 1/6500   C. 1/2 × 1/6500

    D. 1/16 500   E. 以上都不对

7. 关于遗传平衡的描述不正确的是(　　)

    A. 一个群体上下代之间基因频率不变,基因型频率可能会有变化

    B. 一个群体上下代之间基因型频率不变,基因频率一定不变

    C. 一个遗传平衡的群体,其基因频率和基因型频率在世代传递中均保持恒定不变

    D. 一个遗传不平衡的群体经过一代随机交配就可以达到遗传平衡

    E. 一个群体保持世世代代遗传平衡只需满足群体很大和自由交配两个条件即可

8. 软骨发育不全性侏儒症是一种常染色体显性遗传病,其在丹麦人中的发病率为 1/10 000,那么该致病基因在丹麦人群中的基因频率是(　　)。

    A. 1/10 000   B. 2 × 1/10 000   C. 1/2 × 1/10 000

    D. 1/10 000   E. 以上都不对

9. 在遗传平衡的群体中,白化病的群体发病率为 1/10 000,适合度为 0.40,则白化病基因的突变率是(　　)。

    A. $60 × 10^{-6}$/代   B. $40 × 10^{-6}$/代   C. $20 × 10^{-6}$/代

    D. $10 × 10^{-6}$/代   E. 以上都不对

10. 在一个遗传平衡的群体中,已知甲型血友病的男性发病率约为 0.000 08,适合度为 0.1,则该基因的突变率为(　　)。

    A. $8 × 10^{-6}$/代   B. $24 × 10^{-6}$/代   C. $36 × 10^{-6}$/代

    D. $48 × 10^{-6}$/代   E. $72 × 10^{-6}$/代

11. 下列哪个群体处于遗传平衡状态? (　　)

    A. BB 50% Bb 0 bb 50%   B. BB 50% Bb 25% bb 25%

    C. BB 30% Bb 40% bb 30%   D. BB 81% Bb 18% bb 1%

    E. BB 40% Bb 40% bb 20%

12. 遗传负荷是指(　　)。

    A. 一个个体带有的全部基因数量   B. 一个个体带有的有害基因的数量

    C. 一个群体具有的有害基因的总量   D. 一个群体中人均携带的有害基因数

    E. 以上都不对

13. 一群体中先天性聋哑(AR)的群体发病率为 0.0004,该群体中携带者频率为(　　)。

    A. 0.08   B. 0.04   C. 0.02

D. 0.01   E. 0.0032

14. 近亲婚配的危害主要与下列哪些遗传病有关(   )

    A. AD 遗传病   B. AR 遗传病   C. XD 遗传病

    D. XR 遗传病   E. Y 连锁遗传病

15. 选择系数(s)是指在选择作用下降低的适合度(f),二者的关系是(   )。

    A. s=1-f   B. s=1+f   C. f=1+s

    D. f-s=1   E. s-f=1

16. 选择对常染色体显性致病基因的作用(   ),对常染色体隐性致病基因的作用
(   )。

    A. 缓慢,迅速   B. 缓慢,缓慢   C. 迅速,缓慢

    D. 迅速,迅速   E. 以上均不是

17. 遗传漂变一般指发生在(   )中。

    A. 封闭的小群体   B. 开放的小群体   C. 封闭的大群体

    D. 开放的大群体   E. 两个群体

18. 遗传漂变的速度与群体大小的关系是(   )。

    A. 群体的越大,漂变的速度就越大   B. 群体越小,漂变的速度就越小

    C. 群体越小,漂变的速度越大   D. 群体越大,漂变的速度越小

    E. C+D

19. 就常染色体遗传而言,表兄妹的近婚系数是(   )。

    A. 1/2   B. 1/4   C. 1/8

    D. 1/16   E. 1/32

20. 对于罕见的 AR 遗传病($q^2 \leqslant 0.0001$),(   )。

    A. 随着隐性遗传病的发病率升高,携带者和病人的比值升高

    B. 随着隐性遗传病的发病率下降,携带者和病人的比值升高

    C. 随着隐性遗传病的发病率下降,携带者和病人的比值下降

    D. 随着隐性遗传病的发病率下降,携带者和病人的比值不变

    E. 随着隐性遗传病的发病率升高,携带者和病人的比值不变

(二)多选题(X 型题)

1. 影响群体遗传平衡的因素是(   )。

    A. 婚配方式   B. 突变   C. 选择

    D. 大规模迁移   E. 群体大小

2. 近亲婚配可引起(   )。

    A. 同一基因纯合率增加   B. 隐性遗传病发病率增加

    C. 显性遗传病基因发病率增加   D. 近婚系数增加

    E. 无太大影响

3. 遗传平衡的条件是(   )。

    A. 群体很大   B. 必须是随机交配

    C. 没有自然选择   D. 不会因迁移而产生群体结构的变化

    E. 必须是同一民族

4. 选择压力放松对 AR 遗传病的影响是(   )。

A. 发病率迅速上升　　　　B. 发病率迅速下降　　　　C. 发病率缓慢上升

D. 发病率缓慢下降　　　　E. 致病基因频率缓慢上升

5. 遗传漂变可导致（　　　）

A. 某些等位基因消失　　　B. 某些等位基因固定　　　C. 改变群体遗传结构

D. 对小群体影响大　　　　E. 对大群体影响大

6. 红绿色盲（XR）的男性发病率为 0.05，那么（　　　）。

A. 致病基因的频率为 0.05　　　　　　　B. 女性发病率为 0.0025

C. $X^A X^a$ 基因型的频率为 0.095　　　　D. $X^a Y$ 基因型的频率为 0.0025

E. 女性正常表型的频率为 p^2+2pq

7. 假设糖原储积症 I 型（AR）的群体发病率是 1/10 000，则（　　　）。

A. 致病基因的频率为 0.01　　　　　　　B. 携带者的频率为 0.2

C. 随机婚配后代发病率为 1/3200　　　　D. 表兄妹婚配后代发病率为 1/1600

E. AA 基因型频率为 0.09

8. 对一个 1000 人群体的 ABO 血型抽样检验，A 型血 550 人，B 型血 110 人，AB 型血 30 人，O 型血 310 人，则（　　　）。

A. I^A 基因的频率为 0.352　　　　　　　B. I^A 基因的频率为 0.565

C. I^B 基因的频率为 0.125　　　　　　　D. I^B 基因的频率为 0.073

E. i 基因的频率为 0.575

9. 群体发病率为 1/10 000 的一种常染色体隐性遗传病，那么（　　　）。

A. 该致病基因的频率为 0.01

B. 该病表兄妹近亲婚配后代现发风险为 1/3200

C. 近亲婚配与随机婚配后代患病风险没有区别

D. 姨表兄妹婚配的有害效应比堂兄妹大

E. 该病的致病基因携带者频率为 0.0198

10. 群体遗传平衡表现为（　　　）。

A. DNA 多态性　　　　　B. 染色体多态性　　　　　C. 蛋白质多态性

D. 酶多态性　　　　　　E. 糖原多态性

三、填空题

1. 研究群体的遗传结构及其变化规律的科学称为_____。研究人类致病基因在人群中的分布、变化规律的科学称为_____或_____。

2. 一个群体要维持遗传平衡，必须满足以下条件：①_____；②_____；③_____；④_____；⑤_____。

3. 一个个体的适合度与其_____和_____有关，最终决定一个个体适合度的是_____。

4. 选择放松使显性致病基因频率增加_____，隐性致病基因频率增加_____。

5. 群体的遗传结构是指群体中的_____和_____种类及其频率。

6. 基因频率等于相应_____基因型频率加上 1/2_____基因型频率。

7. 一对等位基因 A 和 a 的频率分别为 p 和 q，遗传平衡时，AA、Aa 和 aa 三种基因型的比例为_____。

8. 男性的 X 连锁基因一定传给其_____，传递概率为 1；男性的 X 连锁基因不可能传他的_____,传递概率为 0。

9. 遗传漂变的速度与_____有关,群体越小,遗传漂变的速度越_____,群体越大,遗传漂变的速度_____。

10. 遗传负荷主要来源于_____、_____和_____。

四、问答题

1. 什么是遗传平衡定律?影响群体遗传平衡的因素有哪些?

2. 脆性 X 染色体综合征(X^R),其男性发病率约为 0.004,选择系数为 0.60,其致病基因(X^b)的频率、女性的携带者频率、女性发病率、该基因的突变率分别是多少?

3. 白化病基因(a)在群体中的频率为 0.01,如果增强选择压力,使所有白化病病人(aa)均不生育,要经过多少世代才能使白化病基因的频率降低为 0.005 呢?

4. 苯丙酮尿症在我国人群中的发病率为 1/16 500,这种病病人适合度为 0.20,求致病基因的突变率。

5. 一个大群体中,存在基因型 AA、Aa 和 aa 频率分别为 0.1、0.6 和 0.3,问:

(1) 这个群体中基因 A 和 a 的频率是多少?

(2) 随机交配一代后,基因频率和基因型的频率是多少?

【参考答案】

一、名词解释

1. 孟德尔式群体　是指生活在同一地区内的能够相互交配并能产生有生殖能力后代的所有同种生物个体的集合。

2. 基因库　一个群体所具有的全部遗传信息。

3. 基因频率　是指一个群体中某个基因在其全部等位基因座位数中出现的频率。

4. 基因型频率　指一个群体中某一基因型的个体占该群体总个体数的比例。

5. 遗传平衡定律　如果一个群体足够大、可以随机交配,并且没有突变、选择和大规模的个体迁移等发生,则该群体的基因频率和基因型频率在世代传递中始终保持恒定。

6. 选择　是生物在自然环境的压力下优胜劣汰的过程。

7. 适合度　是指一个群体中某种基因型个体能够适应环境而生存,并产生有生殖能力后代的相对能力。

8. 选择系数　是指一个群体中某种基因型个体面对自然选择而被淘汰的概率,即在选择作用下降低了适合度。

9. 平衡多态　是指在一个群体中的同一基因座位上存在两个等位基因或两个以上复等位基因的现象。

10. 迁移　是指一个生物群体中的部分个体因某种原因迁入另一个同种生物群体中定居和杂交的现象。迁移引发群体间的基因流动。

11. 遗传漂变　在一个相对封闭的小群体中,由于偶然事件而造成的基因频率在世代传递中的随机波动现象。

12. 近亲婚配　是指在 3~4 代之内有共同祖先的近亲结婚。

13. 迁移压力 两个基因频率和基因型频率不同的群体之间大规模的个体迁移形成的使群体结构改变的压力。压力的大小取决于基因频率差异的大小和群体迁入数量的多少。

14. 建立者效应 小的隔离群体中,少数几个个体的基因频率决定了他们后代基因频率的现象。

15. 遗传负荷 是指一个群体由于有害基因或者致死基因的存在而使群体适合度降低的现象。

16. 近婚系数 近亲婚配使后代成为同一祖先基因纯合子的概率。

17. 突变负荷 是指由于基因突变产生的有害或致死基因给群体带来的遗传负荷。

18. 分离负荷 是指有较高适合度的杂合子(Aa)由于基因分离在后代形成适合度较小的纯合子给群体带来的遗传负荷。

19. 置换负荷 是指当选择有利于一个新的等位基因置换现有的基因时给群体带来的遗传负荷。

20. 平均近婚系数 即从群体角度来估计近亲婚配的程度,可按公式 $a = \Sigma(M_i \times F_i/N)$ 来计算。公式中,M_i 是某种类型的近亲婚配数,F_i 是相应近亲婚配的近婚系数,N 是群体中婚配的总数。

二、选择题

(一)单选题(A1 型题)

1. E 2. A 3. E 4. D 5. C 6. D 7. E 8. C 9. A 10. B 11. D 12. D
13. E 14. B 15. A 16. C 17. D 18. E 19. D 20. B

(二)多选题(X 型题)

1. ABCDE 2. AB 3. ABCD 4. CE 5. ABCD 6. ABCE 7. AD 8. ADE 9. AE
10. ABCD

三、填空题

1. 群体遗传学;医学群体遗传学;遗传流行病学

2. 群体很大;群体中的个体随机交配;没有突变发生;没有选择;没有大规模的个体迁移

3. 生存能力;生殖能力;生殖能力

4. 快;慢

5. 基因;基因型

6. 纯合;杂合

7. p^2 : 2pq : q^2

8. 女儿;儿子

9. 群体大小;大;小

10. 突变负荷;分离负荷;置换负荷

四、问答题

1. 如果一个群体足够大、可以随机交配,并且没有突变、选择和大规模的个体迁移等发生,则该群体的基因频率和基因型频率在世代传递中始终保持恒定。这就是遗传平衡定律。

影响群体遗传平衡的因素有突变、选择、迁移、随机遗传漂变、隔离和近亲婚配。

2. 男性是 X 染色体半合子,致病基因 X^b 频率即为男性发病率。

基因 X^b 的频率 $=0.004$,而女性携带者的频率近于致病基因频率的 2 倍,即 0.008。

女性只有是纯合子(X^bX^b)才发病,女性发病率 $=q^2=0.000\ 016$。

该基因的突变率为 $u=sq/3=(0.6 \times 0.004)/3=800 \times 10^{-6}/$代。

3. 代入公式 $n=1/q^n-1/q=1/0.005-1/0.01=200-100=100$(代)。

4. 苯丙酮尿症是 AR 遗传病,故 $u=sq^2=(1-f)q^2=(1-0.2) \times 1/16500=48 \times 10^{-6}/$代。

5.(1)因为 $D=0.1$,$H=0.6$,$R=0.3$,所以:

基因 A 的频率 $p=D+H/2=0.1+0.6/2=0.4$

基因 a 的频率 $q=R+H/2=0.3+0.6/2=0.6$

(2)随机交配一代后,基因频率保持不变,即 $p=0.4$,$q=0.6$。

随机交配后,该群体达到遗传平衡状态

基因型 AA 的频率 $D=p^2=0.4^2=0.16$

基因型 Aa 的频率 $H=2pq=2 \times 0.4 \times 0.6=0.48$

基因型 aa 的频率 $R=q^2=0.6^2=0.36$

(阎希青)

第十七章　肿瘤与遗传

【内容要点】

一、肿瘤发生的遗传基础

1. **肿瘤的家族聚集现象**　癌家族是指一个家系的几代中多个成员的相同器官或不同器官罹患恶性肿瘤,肿瘤具有多发性,某些肿瘤(如腺瘤)发病率高、发病年龄低,并按 AD 方式遗传。家族性癌是指一个家族中有多个成员罹患同一类型的癌,通常为常见癌,病人一级亲属发病率远高于一般人群,一般不符合孟德尔式遗传。

2. **肿瘤发生的种族差异**　某些肿瘤的发病率在不同种族中有显著差异。造成差异的原因是种族的遗传背景不同,种族间世世代代的遗传隔离导致不同种族具有不同的基因库,对肿瘤的易感性存在差异。

3. **单基因病与肿瘤**　人类恶性肿瘤中只有少数几种是由单个基因突变引起的,按单基因方式遗传,如视网膜母细胞瘤、Wilms 瘤、神经母细胞瘤等,这类肿瘤有明显家族遗传倾向。有些病人有肿瘤家族史,父母兄妹中易患肿瘤,但肿瘤类型可各不相同。某些单基因遗传的综合征常与肿瘤的发生联系在一起。这类单基因遗传病属遗传性癌前病变,常被称为遗传性肿瘤综合征,大部分按常染色体显性方式遗传,如家族性结肠息肉病等。

4. **多基因病与肿瘤**　多基因遗传的肿瘤大多是一些常见的恶性肿瘤,如乳腺癌、胃癌、肺癌、前列腺癌、子宫颈癌等,病人一级亲属的发病率都显著高于群体发病率。多基因遗传肿瘤的发生是遗传因素和环境因素共同作用的结果,多基因突变是肿瘤发生的基础,环境因素在肿瘤发生中往往起重要作用,如吸烟为肺癌的主要诱因。

5. **染色体畸变与肿瘤**　染色体畸变引起的遗传病与恶性肿瘤的发生也密切相关,肿瘤细胞多伴有染色体数目异常,大多是非整倍体。大多数肿瘤细胞中都可以见到一两个核型占主导地位的细胞群,称为干系;干系之外的占非主导地位的细胞群称为旁系;干系肿瘤细胞的染色体数目称为众数。肿瘤细胞染色体结构畸变包括易位、缺失、重复、环状染色体和双着丝粒染色体等。发生结构畸变的染色体又称为标记染色体。经常出现在某一类肿瘤对该肿瘤具有代表性的称为特异性标记染色体。Ph 染色体是慢性粒细胞性白血病发病的原因,在 90% 的 Burkitt 淋巴瘤病例中可以看到一个长臂增长的 14 号染色体($14q^+$),一些染色体脆性部位与肿瘤细胞染色体异常的断裂点一致或相邻,还有一些脆性部位与已知癌基因的部位一致或相邻。人类的一些以体细胞染色体断裂为主要表现的综合征统称为染色体不稳定综合征,它们往往都具有易患肿瘤的倾向,多具有 AR、AD 或 XR 特性。如 Fanconi 贫血是一种先天性再生障碍性贫血症,先天畸形病人儿童期癌症发生的风险性增高,尤其是患急性白血病的风险很高;

Bloom综合征病人多在30岁前发生各种肿瘤和白血病；毛细血管扩张共济失调病人有较多的染色体断裂，易患各种肿瘤；着色性干皮病病人皮肤对紫外线辐射高度敏感，日晒部位早期真皮炎性浸润，后期癌变。

二、肿瘤发生的遗传机制

1. 肿瘤的单克隆起源假说　肿瘤的单克隆起源假说认为，几乎所有肿瘤都是单克隆起源的，都起源于一个前体细胞，最初是一个细胞的一个关键基因突变或一系列相关事件促使其向肿瘤细胞方向转化，导致不可控制的细胞增殖，最终形成肿瘤。

2. 二次突变假说　二次突变假说认为，一些细胞的恶性转化需要两次或两次以上的突变。第一次突变可能发生在生殖细胞或由父母遗传得来，为合子前突变，也可能发生在体细胞；第二次突变则均发生在体细胞。

3. 癌基因与抗癌基因　凡能够使细胞癌变的基因统称为癌基因。能引发肿瘤的病毒包括DNA病毒和RNA病毒，其中多数为RNA逆转录病毒。这两类病毒基因组中都有病毒癌基因存在，所不同的是DNA病毒癌基因是其本身基因组固有的组成部分，而RNA病毒癌基因不是其本身的固有基因，而是通过其特殊的繁殖方式捕获的源自宿主细胞的DNA序列，本身不编码病毒结构成分，对病毒复制亦无作用。细胞癌基因是人和高等动物正常细胞基因组的组成部分，在个体特殊发育阶段能够促进细胞的生长、增殖和分化，对个体的生长发育起着重要作用，但在个体发育成熟后却不表达或低表达，表达受到严格控制。当细胞癌基因突变或被异常激活时，由不表达转变为表达状态或由低表达转变为过度表达状态，其基因产物的性质或数量出现异常，从而能导致细胞发生恶性转化、侵袭和转移。在病毒、化学致癌物、核辐射等致癌因素作用下，原癌基因可以通过多种方式被激活，其激活机制可分为：点突变、启动子插入、基因扩增、染色体断裂与重排。抗癌基因是一类抑制细胞过度生长与增殖从而遏制肿瘤形成的基因。一般来说，在细胞增殖调控中，大多数细胞癌基因具有促进作用（正调控作用），而抗癌基因则具有抑制作用（负调控作用）。这两类基因相互制约、相互协调，维持细胞的生长发育和增殖分化。细胞癌基因的激活与过度表达可使细胞无序增殖和去分化导致癌变，而抗癌基因的丢失或失活使其与原癌基因的协调拮抗作用失衡，也可以导致肿瘤的发生。

4. 肿瘤转移基因与转移抑制基因　肿瘤转移基因是肿瘤细胞中可诱发或促进肿瘤细胞本身转移的基因。肿瘤细胞转移过程的每一步都分别受到不同类型的肿瘤转移基因的调控，这些基因编码的产物主要涉及各种黏附因子、细胞外基质蛋白水解酶、细胞运动因子、血管生成因子等。肿瘤转移抑制基因是一类能够抑制肿瘤转移但不影响肿瘤发生的基因，这类基因能够通过编码的蛋白酶直接或间接地抑制具有促进转移作用的蛋白，从而降低癌细胞的侵袭和转移能力。

5. 肿瘤发生的多步骤遗传损伤学说　多步骤致癌假说认为，细胞癌变多阶段演变过程中，不同阶段涉及不同的肿瘤相关基因的激活与失活，这些基因的激活与失活在时间和空间位置上有一定的次序。在起始阶段，原癌基因激活的方式主要表现为逆转录病毒的插入和原癌基因点突变，而演进阶段则以染色体重排、基因重组和基因扩增等激活方式为主。肿瘤的发生有着复杂的遗传基础，又受到机体内外各种因素的影响，是多因素作用、多基因参与、多途径发生和多阶段发展的复杂的生理变化过程。

【难点解析】

一、癌基因的功能

能够使细胞癌变的基因统称癌基因。癌基因包括病毒癌基因和细胞癌基因两类,病毒癌基因主要是 RNA 反转录病毒癌基因,它原本不是本身固有的基因,而是通过特殊的繁殖方式捕获的源自宿主细胞的 DNA 序列,本身不编码病毒结构成分,对病毒复制亦无作用。细胞癌基因是正常细胞基因组的组成部分,在个体生长发育的特定阶段十分重要,具有促进细胞正常的生长、增殖和分化作用,是机体生理功能的正常需要,但在个体发育成熟后却不表达或低表达,表达受到严格控制。当其发生突变或被异常激活时,由其编码产生的基因产物在性质或数量上出现异常,就可能导致细胞发生恶性转化。

二、视网膜母细胞瘤呈现常染色体显性遗传家系特点

视网膜母细胞瘤是由于 Rb 抗癌基因突变引起的,需要两次突变才能引发肿瘤。从基因水平上看,应该属于隐性遗传,但在遗传表现上却表现为常染色体显性遗传的家系特点。其原因可用二次突变学说来解释:遗传型 Rb,患儿出生时全身所有细胞已经有一次基因突变,只需要在出生后某个视网膜母细胞再发生一次突变(第二次突变),就会转变成为肿瘤细胞。这种事件较易发生,因此发病年龄早,多在 1 岁半内发病,且多为双侧眼相继发病,有家族史,可连续几代有病人出现,发病无性别差异。

【练习题】

一、名词解释

1. 癌家族
2. 家族性癌
3. 细胞癌基因
4. 干系染色体
5. 众数染色体
6. 标记染色体
7. Ph 染色体
8. 抗癌基因

二、选择题

(一)单选题(A1 型题)

1. 关于遗传性肿瘤,下列哪一项是错误的( )。
    A. 来源于神经或胚胎组织　　　　B. 为染色体不稳定综合征
    C. 常为双侧性或单发性　　　　　D. 有明显的遗传基础
    E. 平均发病年龄比散发性的早
2. 癌家族是指一个家系中( )。

A. 肿瘤按 AD 方式遗传　　　　　　　　　B. 发病年龄早

C. 恶性肿瘤发病率高　　　　　　　　　　D. 特别是腺瘤发病率很高

E. 以上都是

3. 视网膜母细胞突变的基因是（　　　）。

A. RAS　　　　　　　　B. SRC　　　　　　　　C. Rb

D. P53　　　　　　　　E. MYC

4. 下列为抗癌基因的是（　　　）。

A. ras　　　　　　　　B. src　　　　　　　　C. myc

D. P53　　　　　　　　E. nm23

5. 视网膜母细胞瘤致病基因 Rb 位于（　　　）。

A. 11 号染色体的短臂（11p11）　　　　　B. 13 号染色体的长臂（13q14）

C. 15 号染色体长臂（15q14）　　　　　　D. 17 号染色体短臂（17p22）

E. 18 号染色体长臂（18q11）

6. 视网膜母细胞瘤是（　　　）。

A. 良性肿瘤　　　　　　B. 遗传性恶性肿瘤　　　　C. 隔代传递

D. 慢性疾病　　　　　　E. X 连锁遗传病

7. 对肿瘤转移基因有抑制作用的基因是（　　　）。

A. ras　　　　　　　　B. myc　　　　　　　　C. R53（突变型）

D. FES　　　　　　　　E. nm23

8. 常见的肿瘤染色体数目异常类型是（　　　）。

A. 整倍的增加　　　　　　　　　　　　　B. 整倍的减少，即出现单体型

C. 只存在极少的肿瘤细胞内　　　　　　　D. 大多数是非整倍体

E. 实体瘤的染色体改变明显多于癌性用水中细胞染色体的改变

9. 抑癌基因在肿瘤的发展中处于（　　　）。

A. 激活状态　　　　　　　　　　　　　　B. 隐性突变（失活）状态

C. 显性失活状态　　　　　　　　　　　　D. 突变后抑制细胞衰老和分化

E. 突变后促进细胞向正常转化状态

10. 多基因遗传的恶性肿瘤的特点是（　　　）。

A. 早期发病　　　　　　　　　　　　　　B. 呈隐性遗传家系特点

C. 具有复杂的多基因遗传基础　　　　　　D. 往往存在有固定的脆性部位

E. 都有家族聚焦现象

11. 标记染色体（　　　）。

A. 只存在于良性肿瘤细胞染色体中

B. 具有克隆性起源，可以作为特征性的诊断标记

C. 是指某一条染色体区段重复

D. 在一种肿瘤细胞中可只存在一种

E. 主要是某一条染色体特定片段的缺失

12. Ph 染色体常见于（　　　）。

A. 慢性粒细胞性白血病　　　　　　　　　B. Burkitt 淋巴瘤

C. 慢性淋巴细胞性白血病　　　　　　　　D. 乳腺癌细胞

E. 视网膜母细胞瘤

13. 对肿瘤发生有抑制作用的基因为（   　）。

A. Rb 基因　　　　　　　　B. p53 基因　　　　　　　　C. nm23

D. FOS　　　　　　　　E. MYC

14. 肿瘤抑制基因的作用（   　）。

A. 在杂合性丢失时作用消失　　　　B. 可被癌基因激活

C. 与促进细胞生长相关　　　　D. 可以导致细胞恶性生长

E. 可以抑制细胞的衰老和分化

15. 原癌基因附近一旦被插入一个强大的（   　），如反转录病毒基因组中的长末端重复序列（LTR），也可被激活。

A. 增强子　　　　　　　　B. 操纵子　　　　　　　　C. 启动子

D. 转座子　　　　　　　　E. 外显子

（二）多选题（X 型题）

1. 关于肿瘤发生的遗传学机制，下列说法正确的是（   　）。

A. 肿瘤的发生可以用单克隆假说来解释

B. 肿瘤完全是由遗传因素决定的

C. 肿瘤的发生可以用二次突变假说来解释

D. 肿瘤发生是癌基因和抗癌基因相互作用的结果

E. 肿瘤是完全由环境因素决定的

2. 一种人类肿瘤细胞染色体数为 70，称为（   　）。

A. 亚三倍体　　　　　　　　B. 超三倍体

C. 超二倍体　　　　　　　　D. 三倍体

E. 比三倍体多一条染色体

3. 对 Ph 染色体描述正确的是（   　）。

A. 是 22 号染色体的长臂延长所致

B. 是慢性粒细胞性白血病标志染色体

C. 是非特异性染色体

D. Ph 染色体与慢性粒细胞性白血病的预后有关

E. 是特异性标志染色体

4. 人类首次发现的肿瘤抑制基因不包括（   　）。

A. p53　　　　　　　　B. Rb　　　　　　　　C. WT1

D. APC　　　　　　　　E. NF

5. 首次从病毒中分离到的癌基因不包括（   　）。

A. src　　　　　　　　B. fos　　　　　　　　C. WT1

D. ras　　　　　　　　E. KIT

6. 慢性粒细胞白血病（CML）中的 Ph 染色体（   　）。

A. 为特异性标记染色体　　　　B. 有早期诊断价值

C. 为费城染色体　　　　D. 为 22 号染色体长臂末端缺失的一段

E. 为 9 号染色体长臂末端缺失的一段

7. 下列哪些学说用来解释肿瘤发病机制（   　）。

A. 肿瘤的单克隆起源假说　　　　　　　B. 多基因学说

C. 两次突变学说　　　　　　　　　　　D. 多步骤遗传损伤学说

E. 赖昂假说

8. 细胞癌基因的特点是（　　　）。

A. 只在病毒基因组中存在

B. 在正常基因组中存在

C. 在控制细胞增殖和分化中起作用

D. 一个细胞癌基因激活可引起恶性肿瘤的发生

E. C-H-ras 是一种重要的细胞癌基因

9. 下列属于抗癌基因的是（　　　）。

A. Rb　　　　　　　　　　B. p53　　　　　　　　　　C. ras

D. src　　　　　　　　　　E. myc

10. 下列属于癌基因的是（　　　）。

A. TIMP　　　　　　　　　B. erb-B　　　　　　　　　C. fms

D. DDC　　　　　　　　　E. ras

11. 下列属于肿瘤转移抑制基因的是（　　　）。

A. Rb　　　　　　　　　　B. p53（突变型）　　　　　C. TIMP

D. nm23　　　　　　　　　E. MHC

12. 原癌基因的功能包括（　　　）。

A. 促进细胞生长　　　　　　　　　　　B. 参与细胞分裂

C. 控制细胞生长的调控系统　　　　　　D. 始终表现出活性

E. 异常激活可导致细胞的恶性转化

13. 细胞癌基因的激活是由于（　　　）。

A. 点突变　　　　　　　　　B. 启动子插入　　　　　　　C. 基因扩增

D. 基因缺失　　　　　　　　E. 染色体易位和重排

14. 恶性肿瘤发生的条件和特征是（　　　）。

A. 两次以上突变事件　　　　B. 染色体的不稳定性　　　　C. 克隆性起源

D. 标记染色体　　　　　　　E. 随机发生

15. （　　　）属于遗传性癌前病变。

A. 神经纤维瘤　　　　　　　B. 黑色素瘤　　　　　　　　C. 家族性结肠息肉

D. Wilms 瘤　　　　　　　　E. Bloom 综合征

三、填空题

1. 存在于正常细胞中的与原癌基因共同调控细胞生长和分化的基因称为_____。

2. 不同的癌基因其激活机制不同，一般分为_____、_____、_____以及_____四类。

3. 在肿瘤细胞内常见到结构异常的染色体，如果一种异常的染色体较多地出现在某种肿瘤的细胞内，就称为_____，分为_____和_____两类。

4. 大多数恶性肿瘤细胞的染色体为_____，而且在同一肿瘤内染色体数目波动的幅度较大。

5. CML 病人中大约 95% 为_____阳性，且发现于 CML 早期病人的骨髓细胞中，故有早期诊断的价值。

6. Bloom 综合征病人细胞遗传学的显著特征是_____或_____。

7. 毛细血管扩张共济失调（AT）是一种较少见的_____病，发病率 1/100 000~1/40 000。

8. 着色性干皮病是一种罕见的由_____缺陷所致的常染色体隐性遗传病，发病率 1/250 000。

9. 对从 Rous 肉瘤病毒中得到 src 癌基因的分析显示，src 癌基因并不是病毒本身的基因，而是由其祖先病毒经转导而携带出的_____，这个相应的宿主基因就是原癌基因。

10. 近年来研究发现，肿瘤转移与两类基因密切相关，一类是_____，一类是_____，肿瘤转移是这两类综合作用的结果。

四、问答题

1. 简述细胞癌基因的分类和激活的机制。
2. 什么是染色体不稳定综合征？举例说明染色体不稳定综合征与肿瘤发生的关系。
3. 简述 Ph 染色体发现的临床意义。
4. 什么是肿瘤发生的单克隆起源假说？单克隆起源假说有哪些支持证据？
5. 简述肿瘤发生的二次突变学说。
6. 简述肿瘤发生的多步骤遗传损伤学说。

【参考答案】

一、名词解释

1. 癌家族　指一个家系的几代中多个成员的相同器官或不同器官罹患恶性肿瘤，肿瘤具有多发性，某些肿瘤（如腺瘤）发病率高、发病年龄低，并按 AD 方式遗传。

2. 家族性癌　是指一个家族中有多个成员罹患同一类型的癌，通常为常见癌，病人一级亲属发病率远高于一般人群，一般不符合孟德尔式遗传。

3. 细胞癌基因　存在于正常细胞基因组中，能够调节控制细胞的生长、增殖与分化，但异常激活可引起细胞恶性转化的基因。

4. 干系染色体　在一个肿瘤中，各肿瘤细胞的染色体数目变异也不完全相同，甚至差别较大，但大多数肿瘤细胞中都可以见到一两个核型占主导地位的细胞群，称为干系。

5. 众数染色体　干系肿瘤细胞的染色体数目称为众数。

6. 标记染色体　肿瘤细胞中发生结构畸变的染色体称为标记染色体。

7. Ph 染色体　由 9 号染色体和 22 号染色体易位后形成，约 95% 的慢性粒细胞性白血病细胞携有 Ph 染色体，它可以作为 CML 的诊断依据。

8. 抗癌基因　指正常细胞中抑制肿瘤发生的基因，也称抑癌基因或抗癌基因，与原癌基因共同调节细胞的生长、增殖与分化，抗癌基因的丢失或失活也可引发肿瘤的发生。

二、选择题

（一）单选题（A1 型题）

1. B　2. E　3. C　4. D　5. B　6. B　7. E　8. D　9. B　10. C　11. B　12. A　13. A　14. A　15. C

（二）多选题（X 型题）

　1. ACD　2. BE　3. BDE　4. ACDE　5. BCDE　6. ABC　7. ACD　8. BCE　9. AB
10. BCE　11. CDE　12. ABCE　13. ABCE　14. ABCD　15. ABC

三、填空题

1. 抗癌基因

2. 点突变；启动子插入；基因扩增；染色体断裂与重排

3. 标记染色体；非特异性标记染色体；特异性标记染色体

4. 非整倍体

5. Ph 染色体

6. 染色体不稳定性；基因组不稳定性

7. 常染色体隐性遗传（AR）

8. DNA 修复基因缺陷

9. 宿主细胞基因

10. 肿瘤转移基因；肿瘤转移抑制基因

四、问答题

1.（1）按照细胞癌基因的产物和功能,可将其分为以下几类。①生长因子类:如 c-sis 癌基因,其编码产物为 PDGF 的 β 链;可通过相应受体而促进间质和胶质细胞的生长。②G 蛋白类:如 ras 家族,其编码产物为存在于细胞膜上的 G 蛋白,能传递生长信号;可接受细胞外信号并将其传入胞内。③受体及信号蛋白类:如 src 家族,其编码产物为细胞内的生长信号传递蛋白,通常含酪氨酸蛋白激酶活性;能将生长信号传至胞内或核内。④转录因子类:如 myc 家族和 myb 家族,其编码产物为存在于细胞核内的转录因子,能与靶基因的调控元件结合直接调节转录活性。

（2）癌基因激活机制。①点突变:细胞癌基因在射线或化学致癌剂作用下,可能发生单个碱基替换,即点突变,突变后表达会产生异常的基因产物;也可由于点突变使基因失去正常调控而过度表达。②启动子插入:逆转录病毒基因组含有长末端重复序列（LTR）,内含功能较强的启动子;当逆转录病毒感染细胞时,LTR 插入到细胞癌基因附近,进而启动下游邻近基因的转录,使细胞癌基因被异常激活,导致细胞癌变。③基因扩增:细胞癌基因通过复制而使其拷贝大量增加,由癌基因编码的蛋白因此过度表达,从而激活并导致细胞恶性转化。④染色体断裂与重排:染色体断裂与重排可导致细胞癌基因在染色体上的位置发生改变,一旦移至一个强大的启动子或增强子附近而被异常激活,便导致异常表达;易位也可改变细胞癌基因的结构,使之与某高表达的基因形成融合基因,造成细胞癌基因的异常表达。

2. 人类的一些以体细胞染色体断裂为主要表现的综合征多具有常染色体隐性、显性或 X 连锁隐性遗传特性,统称为染色体不稳定综合征。它们具有不同程度的易患肿瘤的倾向。例如,着色性干皮病是一种罕见的由 DNA 修复基因缺陷所致的常染色体隐性遗传病。正常情况下,紫外线辐射能使嘧啶二聚体核苷酸交联,加之一些化合物的交联作用或对 DNA 碱基进行化学修饰,使得染色体结构破坏并导致突变,但机体核苷酸切除修复（NER）系统可切除这些受损的核苷酸,并重建正常的核苷酸序列。研究证实,着色性干皮病病人由于 NER 系统缺陷,所以对紫外线高度敏感,病人皮肤细胞染色体自发断裂率,在紫外线照射后明显上升,细胞也很容易死亡,存活下来的细胞由于 DNA 修复酶的缺陷而不能正常修复 DNA 的损伤,常导致血管瘤、基底细胞癌等肿瘤发生。病人也易患其他类型肿瘤,包括黑色素瘤、角化棘皮瘤、肉瘤、腺瘤等。

3. Ph 染色体是 22 号染色体与 9 号染色体相互易位所致,是慢性粒细胞性白血病发病的根源。Ph 染色体的发现具有重要临床意义:大约 95% 的慢性粒细胞性白血病病例都是 Ph 染色体阳性,因此 Ph 染色体可以作为诊断白血病的依据,也可以用于区别临床上相似,但 Ph 染色体为阴性的其他血液病(如骨髓纤维化等)。有时 Ph 染色体先于临床症状出现,故又可用于早期诊断。另外,Ph 染色体与慢性粒细胞性白血病的预后有关,Ph 染色体阴性的慢性粒细胞性白血病病人对治疗反应差,预后不佳。

4. 肿瘤的单克隆起源假说认为,几乎所有肿瘤都是单克隆起源的,都起源于一个前体细胞,最初是一个细胞的一个关键基因突变或一系列相关事件促使其向肿瘤细胞方向转化,导致不可控制的细胞增殖,最终形成肿瘤。

相关证据有:①在研究女性肿瘤时发现,一些恶性肿瘤的所有癌细胞都含有相同的失活的 X 染色体,表明它们起源于同一癌变细胞;②淋巴瘤细胞都有相同的免疫球蛋白基因或 T 细胞受体基因重排;③通过荧光标记原位杂交方法直接检测癌组织中突变的癌基因或肿瘤抑制基因也证实了肿瘤的单克隆起源特性。

5. 二次突变假说认为,一些细胞的恶性转化需要两次或两次以上的突变。第一次突变可能发生在生殖细胞或由父母遗传得来,为合子前突变,也可能发生在体细胞;第二次突变则均发生在体细胞。

6. 多步骤致癌假说认为,细胞癌变多阶段演变过程中,不同阶段涉及不同的肿瘤相关基因的激活与失活,这些基因的激活与失活在时间和空间位置上有一定的次序。在起始阶段,原癌基因激活的方式主要表现为逆转录病毒的插入和原癌基因点突变,而演进阶段则以染色体重排、基因重组和基因扩增等激活方式为主。肿瘤的发生有着复杂的遗传基础,又受到机体内外各种因素的影响,是多因素作用、多基因参与、多途径发生和多阶段发展的复杂的生理变化过程。

(阎希青)

第十八章　分子病与先天性代谢病

【内容要点】

一、分子病

1. 分子病的概念及类型　分子病是由于基因突变导致蛋白质分子结构或合成量异常,从而引起机体功能障碍的一类疾病。根据各种蛋白质的功能差异,分子病可以分为:血红蛋白病、血浆蛋白病、膜转运载体蛋白病、受体蛋白病、胶原蛋白病、免疫蛋白病等。

2. 血红蛋白病　血红蛋白病是指由于珠蛋白基因突变导致珠蛋白分子结构或合成量异常所引起的疾病。

（1）正常血红蛋白的组成和发育演化:血红蛋白由珠蛋白和血红素辅基组成,血红蛋白分子是由4个亚单位构成的球形四聚体,每个亚单位由1条珠蛋白肽链和1个血红素辅基构成。在人体不同发育阶段,各种血红蛋白先后出现,并且有规律地相互更替:在胚胎发育时期合成 Hb Gower Ⅰ、Hb Gower Ⅱ 和 Hb Portland;胎儿期(从妊娠8周至出生)合成的主要是 Hb F;成人有3种血红蛋白:Hb A、Hb A2 和 Hb F。不同的血红蛋白携氧、释氧的能力不同,因此珠蛋白基因在不同发育阶段的特异性表达,对维持机体正常的生理功能具有重要意义。

（2）人类珠蛋白基因及其表达:人类珠蛋白基因分为 α 珠蛋白基因簇和 β 珠蛋白基因簇。α 珠蛋白基因簇位于 16p13.3,排列顺序为 $5'-\zeta-\psi\zeta-\psi\alpha_2-\psi\alpha_1-\alpha_2-\alpha_1-\theta-3'$,全长 30kb。每条16号染色体上均有两个 α 基因,因此二倍体细胞中共有4个 α 基因,每个 α 基因几乎产生等量的 α 珠蛋白链。β 珠蛋白基因簇位于 11p15.5,排列顺序为 $5'-\varepsilon-^G\gamma-^A\gamma-\psi\beta-\delta-\beta-3'$,总长度为 70kb。α 和 β 珠蛋白基因簇中各基因都具有相似的结构,即含有3个外显子和2个内含子。珠蛋白基因的表达受到精确的调控,表现出典型的组织特异性和时间特异性,表达的数量呈现合理的均衡性。

（3）血红蛋白病的种类及其分子基础:血红蛋白病可分为两大类,即异常血红蛋白病和地中海贫血。

1）异常血红蛋白病:珠蛋白基因突变会引起血红蛋白结构异常,若临床上无症状,称异常血红蛋白;若产生临床症状,称为异常血红蛋白病。临床常见的异常血红蛋白病有镰状细胞贫血症、不稳定血红蛋白病、血红蛋白 M 病、氧亲和力改变的异常血红蛋白病等。异常血红蛋白的产生是珠蛋白基因突变的结果,涉及碱基替换、移码突变、整码突变、融合突变等主要突变类型。

2）地中海贫血:是由于某种珠蛋白基因突变或缺失,导致相应珠蛋白肽链的合成速率降低或完全不能合成,造成珠蛋白生成量失去平衡而引起的溶血性贫血,也称为珠蛋白生成障碍性贫血。地中海贫血是人类常见的单基因遗传病，广泛存在于世界各地。地中海贫血有两种主要类型：α地中海贫血和β地中海贫血。

α地中海贫血：简称α地贫，是由于α珠蛋白基因缺失或缺陷使α链的合成受到抑制而引起的溶血性贫血。在人类16号染色体短臂上有2个连锁的α珠蛋白基因，对一条16号染色体来说，如果2个基因都发生突变或缺失，称为α^0地贫，如果只有1个基因突变或缺失，称为α^+地贫。根据临床表现的严重程度，一般将α地贫分为4种类型：Hb Bart's胎儿水肿综合征、血红蛋白H病、轻型α地贫、静止型α地贫。

β地中海贫血：简称β地贫，是由于β珠蛋白基因的缺失或缺陷致使β珠蛋白链的合成受到抑制而引起的溶血性贫血。完全不能合成β链的称为β^0地贫，能部分合成β链的称为β^+地贫。临床上一般将β地贫分为重型β地中海贫血、中间型β地中海贫血、轻型β地中海贫血三类。

二、先天性代谢病

1. 先天性代谢病发生的一般原理　先天性代谢病是由于基因突变造成催化机体代谢反应的某种酶的结构、功能和数量变化，从而引起机体代谢途径严重阻断或紊乱而导致的一类疾病，也叫遗传性代谢病，或遗传性酶病。绝大多数先天性代谢病是由于酶活性降低引起的，仅有少数表现为酶活性增高。

基因突变使酶的活性发生改变，导致代谢终产物的缺乏、底物累积、中间产物大量蓄积和排出、旁路代谢产生副产物、酶蛋白与辅酶相互作用差、反馈调节功能失常、代谢产物增多等，引起先天性代谢病。

2. 先天性代谢病的分类　根据代谢物的生化性质，可将先天性代谢病分为氨基酸代谢病、糖代谢病、核酸代谢病、脂类代谢病等。

（1）氨基酸代谢病：氨基酸代谢病是氨基酸代谢过程中的酶遗传性缺乏所引起的氨基酸代谢缺陷。

1）苯丙酮尿症：苯丙酮尿症是造成智力低下的常见原因之一，也是治疗效果较好的代谢病之一，呈常染色体隐性遗传，其群体发病率在我国约为1/16 500。苯丙酮尿症是由于肝中苯丙氨酸羟化酶基因突变导致肝细胞中苯丙氨酸羟化酶活性降低或完全丧失，使血中苯丙氨酸不能转化成酪氨酸，致使苯丙氨酸在体内积累，过量的苯丙氨酸经旁路代谢产生苯丙酮酸、苯乳酸、苯乙酸等，这些旁路代谢产物由尿液和汗液排出，使患儿体表、尿液有特殊的"鼠尿味"。旁路代谢产物的累积可抑制L-谷氨酸脱羧酶的活性，影响γ-氨基丁酸的生成，同时苯丙氨酸及其旁路代谢产物还可抑制5-羟色胺脱羧酶活性，使5-羟色胺生成减少，从而影响大脑的发育。酪氨酸不足，加之过多的苯丙氨酸抑制酪氨酸脱羧酶的活性，使黑色素合成减少，病人的毛发和肤色较浅。

2）尿黑酸尿症：尿黑酸尿症是由于尿黑酸氧化酶缺乏，使尿黑酸不能被最终氧化而从尿液排出。尿刚排出时无色，但与空气接触后，其中大量的尿黑酸被氧化，尿液迅速变成黑色。病人在新生儿期，生后不久就发现尿布中有紫褐色斑点，洗不掉；在儿童期，尿黑酸尿是唯一的特点；成人期，除尿黑酸尿外，尿黑酸在结缔组织沉着，导致褐黄病，表现为皮肤、耳廓、面颊、巩膜等处弥漫性色素沉着，如累及关节，则形成褐黄病性关节炎。

3）白化病：白化病是一组较为常见的皮肤及其附属器官黑色素缺乏所引起的疾病。临床上分Ⅰ型和Ⅱ型，完全不能合成黑色素者为白化病Ⅰ型，能部分合成黑色素者为白化病Ⅱ型。

白化病 I 型病人,由于酪氨酸酶基因缺陷,故不能催化酪氨酸转变为黑色素前体,最终导致代谢终产物黑色素缺乏而呈白化症状。病人皮肤、毛发、眼睛缺乏黑色素,全身白化,终生不变;眼睛视网膜无色素,虹膜和瞳孔呈现淡红色,羞明怕光,眼球震颤,常伴有视力异常;对阳光敏感,暴晒可引起皮肤角化增厚,易诱发皮肤癌。

白化病 II 型病人本身酪氨酸酶基因正常,但缺乏酪氨酸透过酶,导致酪氨酸不易进入黑色素细胞,进而影响黑色素的生成而呈轻度白化。病人毛发呈赤黄或淡黄,黑色素合成随年龄增大而有所增加。

（2）糖代谢病:糖代谢病是由于糖类合成或分解过程中酶的遗传性缺乏所引起的疾病。

1）半乳糖血症:半乳糖血症是由于遗传性酶缺乏引起的糖代谢病,它可分为半乳糖血症经典型、半乳糖血症 II 型和半乳糖血症 III 型。经典型半乳糖血症是半乳糖 -1- 磷酸尿苷转移酶遗传性缺乏引起的,由于此酶缺乏,半乳糖 -1- 磷酸在脑、肝、肾等器官积累而致病。积累在晶状体的半乳糖,在醛糖还原酶的作用下转变成半乳糖醇,使晶状体变性浑浊,形成白内障。半乳糖血症 II 型为半乳糖激酶缺乏,病情比经典型半乳糖血症轻。半乳糖血症 III 型为尿苷二磷酸半乳糖 -4- 表异构酶缺乏引起,可无临床症状或类似经典型半乳糖血症。

2）糖原贮积症:糖原贮积症是一组由糖原分解过程中酶的缺乏所引起的疾病。糖原贮积症可分为 13 型,糖原贮积症 I 型是由于肝内葡萄糖 -6- 磷酸酶缺乏引起的,在新生儿和婴儿早期,有易激怒、苍白、发绀、喂养困难及低血糖、抽搐、肝大等表现;患儿 5~6 岁后以出血、感染为主要症状。葡萄糖 -6- 磷酸酶基因定位于 17 号染色体,本病为常染色体隐性遗传。

（3）核酸代谢病:核酸代谢过程中需要的酶遗传性缺陷,会使体内的核酸代谢异常而发生核酸代谢病。主要的核酸代谢病有 Lesch-Nyhan 综合征、着色性干皮病等。

【难点解析】

一、血红蛋白的特异性变化

在人体不同发育阶段,各种血红蛋白先后出现,并且有规律地相互更替。在胚胎发育时期合成 Hb Gower I、Hb Gower II 和 Hb Portland;胎儿期（从妊娠 8 周至出生）合成的主要是 Hb F;成人有 3 种血红蛋白: Hb A（约占 97.5%）、Hb A2（约占 2%）和 Hb F（约占 0.5%）。不同的血红蛋白,其携氧、释氧的能力不同,因此珠蛋白基因在不同发育阶段的特异性表达,对维持机体正常的生理功能具有重要意义。

二、人类珠蛋白基因及其表达

1. 珠蛋白基因的结构　人类珠蛋白基因分为 α 珠蛋白基因簇和 β 珠蛋白基因簇。

（1）α 珠蛋白基因簇:位于 16 号染色体短臂上（16p13.3）,排列顺序为 5′ -ζ-ψζ-ψα$_2$-ψα$_1$-α$_2$-α$_1$- θ -3′,全长 30kb。α$_1$ 与 α$_2$ 之间相距 3.7kb。ζ、α$_2$、α$_1$ 为功能基因,ψζ、ψα$_2$、ψα$_1$ 为假基因。ζ 为胚胎型基因,α$_1$ 与 α$_2$ 为成年型基因,θ 基因功能不明。

（2）β 珠蛋白基因簇:位于 11 号染色体短臂上（11p15.5）,排列顺序为 5′ -ε-^{G}γ-^{A}γ-ψβ-δ-β-3′,总长度为 70kb。ε、^{G}γ、^{A}γ、δ、β 为功能基因,ψβ 为假基因,ε 为胚胎型基因,^{G}γ 和 ^{A}γ 为胎儿型基因,δ、β 为成年型基因。

2. 珠蛋白基因的表达　珠蛋白基因的表达受到精确的调控,表现出典型的组织特异性和时间特异性，表达的数量呈现合理的均衡性。胚胎早期（妊娠后 3~8 周），卵黄囊的原始红细胞发生系统中，类 α 珠蛋白基因簇中的 ζ、α 基因和类 β 珠蛋白基因簇中的 ε、γ 基因表达，进而形成胚胎期血红蛋白 Hb Gower Ⅰ、Hb Gower Ⅱ 和 Hb Portland。胎儿期（妊娠 8 周至出生），血红蛋白合成的场所，由卵黄囊转移到胎儿肝脾中，类 α 珠蛋白基因簇的表达基因由 ζ 全部变成 α 基因；而类 β 珠蛋白基因簇的表达基因由 ε 全部转移到 γ 基因，形成胎儿期血红蛋白 Hb F（$\alpha_2\gamma_2$）。成人期（出生后），血红蛋白主要在骨髓红细胞的发育过程中合成，主要是 α 基因和 β 基因表达，其产物组成主要是 Hb A（$\alpha_2\beta_2$）。正常人体中 α 珠蛋白肽链和 β 珠蛋白肽链的分子数量相等，正好构成 Hb A（$\alpha_2\beta_2$），类 α 和类 β 珠蛋白肽链的平衡符合人体正常生理功能的需要。

三、α 地贫的类型及其遗传基础

α 地贫是由于 α 珠蛋白基因缺失或缺陷使 α 链的合成受到抑制而引起的溶血性贫血。本病主要分布在热带和亚热带地区，在我国南方比较常见。在人类第 16 号染色体短臂上有 2 个连锁的 α 珠蛋白基因，对一条 16 号染色体来说，如果 2 个基因都发生突变或缺失，称为 α^0 地贫，如果只有 1 个基因突变或缺失，称为 α^+ 地贫。根据临床表现的严重程度，一般将 α 地贫分为 4 种类型：

1. Hb Bart's 胎儿水肿综合征　两条 16 号染色体上的 4 个 α 基因全部缺失或缺陷，基因型为 α^0 地贫纯合子（ $--/--$ ），完全不能合成 α 链，故不能形成胎儿 Hb F，而正常表达的 γ 链会自身形成四聚体（γ4），称为 Hb Bart's。Hb Bart's 对氧的亲和力非常高，因而释放到组织的氧减少，造成组织严重缺氧，致使胎儿全身水肿，引起胎儿宫内死亡或新生儿死亡。

2. 血红蛋白 H 病　是 α^0 地贫和 α^+ 地贫的双重杂合子（ $--/-\alpha$，或 $--/\alpha\alpha T$，或 $--/\alpha\alpha cs$、αT、αcs 都为有缺陷的基因 ），即有 3 个 α 基因缺失或缺陷，仅能合成少量的 α 链，β 链相对过剩并自身聚合成四聚体 Hb H（β4）。Hb H 极不稳定，易被氧化而解体形成游离的单链，沉淀积聚形成包涵体，附着于红细胞膜上，使红细胞失去柔韧性，导致中度溶血性贫血。

3. 轻型 α 地贫　也称标准型 α 地贫，为 α^0 地贫杂合子（ $--/\alpha\alpha$ ）或 α^+ 地贫纯合子（ $\alpha-/\alpha-$ ），均缺失 2 个 α 基因，间或有轻度贫血。

4. 静止型 α 地贫　仅缺失 1 个 α 基因，为 α^+ 地贫杂合子（ $\alpha-/\alpha\alpha$ ）。这样的个体往往无临床症状。

四、β 地贫的类型及其遗传基础

β 地贫是由于 β 珠蛋白基因的缺失或缺陷，致使 β 珠蛋白链的合成受到抑制而引起的溶血性贫血。完全不能合成 β 链的称为 β^0 地贫，能部分合成 β 链的称为 β^+ 地贫。临床上一般将 β 地贫分为以下 3 类：

1. 重型 β 地中海贫血　病人通常是 β^0 地贫、β^+ 地贫、$\delta\beta^0$ 地贫的纯合子（ β^0/β^0、β^+/β^+、$\delta\beta^0/\delta\beta^0$ ），或者是 β^0 地贫和 β^+ 地贫双重杂合子（ β^+/β^0 ）。这类病人几乎不能合成 β 链或合成量很少，故极少或无 Hb A。在出生时症状不明显，因为从胎儿到成人血红蛋白的转换仍未完成，β 珠蛋白链的缺乏未引起后果。然而，在出生后的第 1 年中胎儿血红蛋白产量持续下降，出现明显的贫血症状。患儿生长发育不良，苍白、腹泻、反复发热和由于肝脾大而腹部逐渐膨隆。如不治疗，通常在 10 岁以前由于严重的贫血、虚弱和感染而致死亡。

2. 轻型 β 地中海贫血　此类病人是 β^0 地贫、β^+ 地贫或 $\delta\beta^0$ 地贫的杂合子。由于尚能合成

相当数量的 β 链,故症状较轻,多贫血不明显或轻度贫血。

3. 中间型 β 地中海贫血　病人通常是某些 β 地贫变异型的纯合子,如 β⁺ 地贫纯合子,其症状介于重型与轻型 β 地贫之间。

【练习题】

一、名词解释

1. 分子病
2. 血红蛋白病
3. 异常血红蛋白
4. 地中海贫血
5. 先天性代谢病

二、选择题

(一)单选题(A1 型题)

1. 人类 α 珠蛋白基因簇位于(　　)染色体短臂上。
    A. 16 号　　　　　　　B. 21 号　　　　　　　C. 15 号
    D. 22 号　　　　　　　E. 3 号

2. 血红蛋白 H 病病人可能的基因型是(　　)。
    A. ––/––　　　　　　B. ––/ααcs　　　　　　C. ––/αα
    D. –α/–α　　　　　　E. –α/αα

3. 苯丙酮尿症病人是由于下列哪种物质缺乏引起(　　)。
    A. 葡萄糖 –6– 磷酸脱氢酶　　　　B. 凝血因子Ⅸ
    C. 苯丙氨酸羟化酶　　　　　　　D. 维生素
    E. 辅酶

4. 引起家族性高胆固醇血症的缺陷基因是(　　)。
    A. 血浆蛋白基因　　　　　　　B. 受体蛋白基因
    C. 膜转运蛋白基因　　　　　　D. 血红蛋白基因
    E. 铜转运蛋白基因

5. 下列几个人类珠蛋白基因中,不能表达出正常珠蛋白的是(　　)。
    A. α　　　　　　　　B. β　　　　　　　　C. γ
    D. δ　　　　　　　　E. ψβ

6. 半乳糖血症与哪种代谢异常有关(　　)。
    A. 代谢终产物缺乏　　　　　　B. 代谢中间产物积累
    C. 代谢底物积累　　　　　　　D. 代谢产物增加
    E. 代谢副产物积累

7. 与苯丙酮尿症不符的遗传学特征是(　　)。
    A. 病人尿液有大量的苯丙氨酸　　B. 病人尿液有苯丙酮酸
    C. 病人尿液和汗液有特殊臭味　　D. 病人智力发育低下

E. 病人尿液有苯乳酸

8. 白化病产生的原因是由于病人体内缺乏下列哪种酶（　　　）。

A. 苯丙氨酸羟化酶　　　　B. 酪氨酸酶　　　　　　C. 尿黑酸氧化酶

D. 精氨酸酶　　　　　　　E. 酪氨酸脱羧酶

9. 人类 β 珠蛋白基因簇位于（　　　）染色体短臂上。

A. 16 号　　　　　　　　B. 11 号　　　　　　　C. 13 号

D. 20 号　　　　　　　　E. 2 号

10. 重型 β 地中海贫血病人不可能的基因型是（　　　）。

A. β^0/β^0　　　　　　　　B. β^+/β^+　　　　　　　C. $\delta\beta^0/\delta\beta^0$

D. β^+/β^A　　　　　　　E. β^+/β^0

（二）多选题（X 型题）

1. 下列属于分子病的是（　　　）。

A. 血红蛋白病　　　　　　B. 血浆蛋白病　　　　　C. 膜转运载体蛋白病

D. 受体蛋白病　　　　　　E. Down 综合征

2. 下列属于血红蛋白病的是（　　　）。

A. 苯丙酮尿症　　　　　　B. 镰状细胞贫血症病　　C. β 地中海贫血

D. 不稳定血红蛋白病　　　E. α 地中海贫血

3. 异常血红蛋白病的分子基础主要有（　　　）。

A. 碱基替换　　　　　　　B. 整码突变　　　　　　C. 融合突变

D. 移码突变　　　　　　　E. 酶的功能异常

4. 先天性代谢病也称为（　　　）。

A. 基因病　　　　　　　　B. 染色体病　　　　　　C. 遗传性代谢病

D. 遗传性酶病　　　　　　E. 分子病

5. 半乳糖血症病人可出现的症状有（　　　）。

A. 白内障　　　　　　　　B. 肝大　　　　　　　　C. 呕吐

D. 腹泻　　　　　　　　　E. 黄疸

三、填空题

1. 珠蛋白基因的表达受到精确的调控,表现出典型的＿＿＿＿＿＿＿特异性和＿＿＿＿＿＿＿特异性,表达的数量呈现合理的均衡性。

2. 血红蛋白分子是由两条＿＿＿＿＿＿＿珠蛋白链和两条＿＿＿＿＿＿＿珠蛋白链组成的四聚体,每条珠蛋白链各结合一个＿＿＿＿＿＿＿。

3. 胎儿期血红蛋白主要是＿＿＿＿＿＿＿,成人血红蛋白主要是＿＿＿＿＿＿＿。

4. 糖原贮积症 I 型是由于缺乏＿＿＿＿＿＿＿引起;尿黑酸尿症是由于缺乏＿＿＿＿＿＿＿＿＿引起。

5. 编码两条不同肽链的基因在减数分裂时发生了错误联会和非同源性交换,称为＿＿＿＿＿＿＿,结果形成两种不同的＿＿＿＿＿＿＿基因。

四、问答题

1. 血红蛋白病可分为哪两大类? 它们的分子基础有何异同?

2. 以苯丙酮尿症为例,说明先天性代谢病发病的机制。

3. α 地中海贫血一般可分为哪几类?简述其发病机制。

【参考答案】

一、名词解释

1. 分子病　由于基因突变导致蛋白质分子结构或合成量异常,从而引起机体功能障碍的一类疾病。

2. 血红蛋白病　由于珠蛋白基因突变导致珠蛋白分子结构或合成量异常所引起的疾病。

3. 异常血红蛋白　珠蛋白基因突变会引起血红蛋白结构异常,若临床上无症状,称异常血红蛋白。

4. 地中海贫血　是由于某种珠蛋白基因突变或缺失,导致相应珠蛋白肽链的合成速率降低或完全不能合成,造成珠蛋白生成量失去平衡而引起的溶血性贫血,也称为珠蛋白生成障碍性贫血。

5. 先天性代谢病　是由于基因突变造成催化机体代谢反应的某种酶的结构、功能和数量改变,从而引起机体代谢途径严重阻断或紊乱而导致的一类疾病。

二、选择题

（一）单选题（A1 型题）

1. A　2. B　3. C　4. B　5. E　6. B　7. A　8. B　9. B　10. D

（二）多选题（X 型题）

1. ABCD　2. BCDE　3. ABCD　4. CD　5. ABCDE

三、填空题

1. 组织；时间

2. α；β；血红素辅基

3. HbF；HbA

4. 葡萄糖 –6– 磷酸酶；尿黑酸氧化酶

5. 融合突变；融合

四、问答题

1. 血红蛋白病可分为异常血红蛋白病和地中海贫血两大类。前者表现为血红蛋白分子的珠蛋白肽链结构异常,引起血红蛋白功能上的改变,如:发生在重要部位的氨基酸被替代,必然影响到血红蛋白的溶解度、稳定性等生物学特性;后者的特征是珠蛋白肽链合成速率的降低,导致 α 链和非 α 链合成的不平衡,进而病人出现溶血性贫血。在分子水平上的研究表明,不管是异常血红蛋白病还是地中海贫血,其分子基础是共同的,都是由于珠蛋白基因的突变或缺陷所致。

2. 先天性代谢病是由于基因突变造成催化机体代谢反应的某种酶的结构、功能和数量改变,从而引起机体代谢途径严重阻断或紊乱而导致的一类疾病。绝大多数先天性代谢病是由于酶活性降低引起的,仅少数表现为酶活性增高。苯丙酮尿症是由于基因突变导致肝细胞中苯丙氨酸羟化酶活性降低或完全丧失,致使苯丙氨酸不能转化成酪氨酸而在体内积累,过量的苯丙氨酸经旁路代谢产生苯丙酮酸、苯乳酸、苯乙酸等,这些旁路代谢产物由尿液和汗液排出,使患儿体表、尿液有特殊的鼠尿味。旁路代谢产物的累积可抑制 L- 谷氨酸脱羧酶的活性,影响 γ- 氨基丁酸的生成,同时苯丙氨酸及其旁路代谢产物还可抑制 5- 羟色胺脱羧酶活性,使 5- 羟色胺生成减少,从而影响大脑的发育。酪氨酸不足,加之过多的苯丙氨酸抑制酪氨酸脱羧酶的活性,使黑色素合成减少,病人的毛发和肤色较浅。

3. 根据临床表现的严重程度,一般将 α 地贫分为 4 种类型: Hb Bart's 胎儿水肿综合征、血红蛋白 H 病、轻型 α 地贫、静止型 α 地贫。引起 α 地贫的基因改变主要有两类, α 基因缺失型和非缺失型,前者较常见。缺失型可以是一条 16 号染色体上的 $α_1$ 和 $α_2$ 基因全部缺失,或是其中一个基因缺失,有时缺失只涉及基因的部分关键片段。非缺失型可以是各种类型的基因突变,例如碱基替换使多肽链的氨基酸发生置换,导致肽链不稳定;mRNA 3′ 端加尾信号 AATAAA 突变为 AATAAG,使 mRNA 加工过程中不能加上 poly A 尾巴,不能将成熟 mRNA 运送到胞质中,导致 α 链无法合成。

（王敬红）

第十九章　药物与遗传

【内容要点】

一、药物代谢的遗传基础

遗传基础的差异构成了个体间的特异性,表现在个体对药物的吸收、代谢、排出速率和反应性等方面的不同。遗传因素对药物代谢的控制主要包括以下几个方面。

1. 药物的吸收和分布　药物从给药部位进入体内的过程称为药物吸收,吸收后的药物分布于不同器官和组织的血管中。多数药物的吸收需要借助于膜蛋白转运而进入血液,再通过血浆蛋白的运输来完成其在体内的分布。如果控制这些蛋白质或酶合成的相应基因发生突变,使膜转运蛋白或血浆蛋白出现结构、功能的异常或缺失,便会影响药物的吸收和分布,进而影响药物的疗效或产生毒副作用。

2. 药物对靶细胞的作用　进入机体内的药物是通过与靶细胞受体结合而产生效应的。一旦靶细胞受体异常或缺乏都会使药物不能发挥正常的作用。

3. 药物的降解与转化　进入机体内的药物,其降解和生物转化是一系列复杂的生化反应过程,需要经过多步酶促反应方能发挥药效和最终排出体外。无论是酶的数量或功能异常,都会影响到药物的生物转化。若酶活性降低,机体反应速度变慢,会因药物或中间产物贮积而损害正常的生物功能;反之,药物在体内达不到有效浓度,会影响药物的疗效。

4. 药物的排泄　经降解和生物转化后的药物和代谢产物最后都要被排出体外,这个过程称为药物的排泄。机体排泄药物的主要器官是肾脏,此外胆汁、汗腺、乳腺、唾液腺、胃肠道和呼吸道等也可能排泄某些药物。遗传基础不同的人,其药物排出的速率也可能不同,故相同剂量的药物在不同的病人中会有不同的疗效和不同的毒副作用。

二、药物代谢的异常变化

1. 异烟肼慢灭活　异烟肼是临床上首选的抗结核药。它在人体内主要是通过 N- 乙酰基转移酶(简称乙酰化酶)转化成乙酰化异烟肼而灭活的。人群中异烟肼的灭活有两种类型:一类称为快灭活型,血中异烟肼半衰期为 45~80min;另一类称为慢灭活型,半衰期为 2~4.5h。

异烟肼慢灭活型为常染色体隐性遗传,其发生率在不同人种和不同地区差异很大。异烟肼灭活速度的临床意义是:长期服用异烟肼时,慢灭活型由于异烟肼的累积,易发生多发性神经炎(80%),而快灭活型则较少发生(20%);中枢毒性也是慢灭活型发生率高;但一部分快灭活型可发生肝炎,甚至肝坏死,这是因为异烟肼在肝内水解为异烟酸和乙酰肼,后者对肝脏有毒性作用。

2. 葡萄糖 –6– 磷酸脱氢酶缺乏症 病人一般平时无症状，只有在进食蚕豆或服用伯氨喹类药物后，出现血红蛋白尿、黄疸、贫血等急性溶血反应，故又被称为蚕豆病。该病的主要临床表现有急性溶血性贫血、新生儿黄疸等。

G6PD 缺乏症是一些常见药物发生溶血性反应的遗传基础，目前已知有数十种药物和化学制剂能引发病人药物性溶血，其中有些是常用药。有些药物本身并不具溶血作用，但其代谢产物可诱发溶血，G6PD 缺乏症病人应禁用或慎用。

3. 过氧化氢酶缺乏症 正常情况下，当 H_2O_2 接触创口时，H_2O_2 可在组织中过氧化氢酶的作用下迅速分解，释放出氧气，使创面呈鲜红色，并有泡沫产生。若病人的红细胞中缺乏过氧化氢酶，则不能分解 H_2O_2 放出氧气，故无气泡产生；同时 H_2O_2 将伤口渗血中的血红蛋白氧化成棕黑色的高铁血红蛋白，致使创面变成棕黑色，此病称为过氧化氢酶缺乏症。过氧化氢酶缺乏症病人在不接触 H_2O_2 时，一般无临床症状，但 50% 左右的病人易患牙龈溃疡、坏疽、齿龈萎缩、牙齿松动等症。

4. 琥珀酰胆碱敏感性 一般情况下，琥珀酰胆碱在人体内的作用时间很短，这是因为琥珀酰胆碱进入血液后，很快就会被血浆和肝脏中的丁酰胆碱酯酶降解而失效。但少数病人用药后呼吸停止可持续 1h 以上，如不及时处理可导致死亡，这种个体称为琥珀酰胆碱敏感者，本病为常染色体隐性遗传。引起这种异常药物反应的原因是病人血浆中伪胆碱酯酶活性低下，水解琥珀酰胆碱的速率降低，使琥珀胆碱作用时间延长，从而导致呼吸肌的持续麻痹；在不使用该类药物的情况下，则该病病人不会表现出任何症状。

三、毒物反应的遗传基础

1. 酒精中毒 人类对酒精的耐受性存在着明显的种族和个体的差异。酒精敏感者在摄入 0.3~0.5ml/kg 体重的酒精时，即可出现面部潮红、皮温增高、脉搏加快等中毒症状，而酒精耐受者摄入上述剂量则无此反应。

多数白种人饮酒后产生乙醛的速度慢，而乙醛氧化成乙酸的速度快，不易造成乙醛蓄积。而黄种人大多产生乙醛速度较快，易引起乙醛蓄积；若同时 $ALDH_2$ 表型缺失者，则乙醛氧化成乙酸的速度慢，对酒精最敏感，即最易引起乙醛蓄积中毒。这就是白种人往往比黄种人对酒精耐受力高的原因，是遗传因素决定的。

2. 吸烟与慢性阻塞性肺疾病 慢性阻塞性肺疾病是由于慢性支气管炎或肺气肿引起的呼吸道气流阻塞并导致肺部损害的一种常见的慢性呼吸道疾病，主要特点是长期反复咳嗽、咳痰、喘息和发生急性呼吸道感染。久而久之可能会演变成肺源性心脏病，甚至发生心、肺功能衰竭。

正常人血清和组织中都存在多种抑制蛋白酶活性的物质，称为蛋白酶抑制物。其中 α_1– 抗胰蛋白酶（α_1–AT）是血清中主要的蛋白酶抑制因子，可抑制多种蛋白酶的活性，从而有效地保护组织免受蛋白酶的消化。当吸烟或由于其他原因刺激肺部时，肺部的巨噬细胞和中性粒细胞会释放大量的弹性蛋白酶，分解肺泡弹性蛋白，使肺泡破坏、融合，导致呼吸面积减少而缺氧。

3. 吸烟与肺癌 肺癌是最常见的恶性肿瘤之一，其发生与吸烟有关，但也不是所有吸烟者均患肺癌。研究证实，吸烟者是否患肺癌与个体的遗传基础有关。

香烟烟雾中含有许多有害物质，其中主要的致癌化合物是多环苯蒽化合物。尽管这些物质本身致癌作用较弱,但是当其进入人体后,可通过细胞微粒体中芳烃羟化酶(AHH)的作用,转变为具有较高致癌活性的致癌氧化物(环氧化物),促进细胞癌变;此外,苯蒽化合物具有诱导 AHH 活性的作用,其诱导作用的高低取决于个体的遗传因素。遗传决定的 AHH 诱导性可能与肺癌的发生有关,AHH 诱导活性高的人吸烟时更易患肺癌。

【难点解析】

一、葡萄糖 -6- 磷酸脱氢酶缺乏症的发病机制

G6PD 在红细胞戊糖旁路代谢中起着重要作用,它将葡萄糖 -6- 磷酸的氢脱下,经辅酶(NADP)传递给谷胱甘肽(GSSG),使其转化为还原型谷胱甘肽(GSH)。GSH 可在氧化酶的作用下与机体在氧化还原反应过程中(主要是氧化性药物产生)生成的 H_2O_2 发生反应,以消除 H_2O_2 的毒性作用。另外,GSH 对红细胞膜和血红蛋白的巯基(-SH)有保护作用。G6PD 活性正常时,可以生成足量的 NADPH,从而保持红细胞中有足量的还原型谷胱甘肽(GSH),以保证对红细胞和血红蛋白的有效保护。

G6PD 缺乏时则 NADPH 生成不足,导致红细胞中 GSH 含量减少,在进食蚕豆或服用伯氨喹等氧化性药物情况下,珠蛋白肽链上的 -SH 被氧化,形成变性珠蛋白小体附着在红细胞膜上,同时红细胞膜上的 -SH 也被氧化,使红细胞的柔韧性降低而脆性增加。在这些红细胞通过狭窄的毛细血管及脾窦、肝窦时,容易受挤压破裂,从而引发溶血反应。

二、酒精中毒的遗传机制

乙醇在体内的代谢主要分为两步反应:第一步是乙醇在肝脏中乙醇脱氢酶(ADH)的催化作用下形成乙醛,第二步是乙醛在乙醛脱氢酶(ALDH)作用下进一步氧化形成乙酸。

$$C_2H_5OH+NAD^+ \xrightarrow{ADH} CH_3CHO+NADH+H^+$$

$$CH_3CHO+NAD^++H_2O \xrightarrow{ALDH} CH_3COOH+NADH+H^+$$

反应过程中产生的乙醛能刺激肾上腺素、去甲肾上腺素的分泌,引起面部潮红、皮温升高、心率加快等酒精中毒症状。

乙醇脱氢酶的结构为二聚体,由 3 种亚单位 α、β、γ 组成,分别由 ADH₁、ADH₂ 和 ADH₃ 基因编码。β_2 与 β_1 肽链中仅一个氨基酸不同(47 位胱氨酸→组氨酸),但 $\beta_2\beta_2$ 的酶活性高出 $\beta_1\beta_1$ 约 100 倍。乙醛脱氢酶有两种同工酶:ALDH₁ 和 ALDH₂,ALDH₂ 的活性比 ALDH₁ 高。几乎全部白种人都具有 ALDH₁ 和 ALDH₂ 两种同工酶,可及时氧化乙醛;黄种人中约 50% 的个体仅有 ALDH₁ 而无 ALDH₂,故氧化乙醛的速度较慢。

由此可见,多数白种人具有编码 ADH_2^1 和 ALDH₂ 的基因,所以饮酒后产生乙醛的速度慢,而乙醛氧化成乙酸的速度快,不易造成乙醛蓄积。而黄种人大多有 ADH_2^2 的基因,故产生乙醛速度较快,易引起乙醛蓄积;若同时 ALDH₂ 表型缺失者,则乙醛氧化成乙酸的速度慢,对酒精最敏感,即最易引起乙醛蓄积中毒。这就是白种人往往比黄种人对酒精耐受力高的原因,是遗传因素决定的。

【练习题】

一、选择题

单选题（A1 型题）

1. 为避免长期服用异烟肼导致的多发性神经炎,在服用异烟肼的同时应加服（　　）

    A. 维生素 A   B. 维生素 B_1 C. 维生素 B_6

    D. 维生素 C   E. 维生素 E

2. G6PD 缺乏时,下列哪种物质的变化是不正确的（　　）

    A. NADP ↑   B. NADPH ↓   C. GSH ↓

    D. H_2O_2 ↓   E. GSSG ↑

3. 下列哪种类型的个体对酒精最敏感（　　）

    A. 典型 ADH_2^1 及 $ALDH_2$ 缺失者   B. 典型 ADH_2^1 及 $ALDH_2$ 者

    C. 非典型 ADH_2^1 及 $ALDH_2$ 缺失者   D. 非典型 ADH_2^1 及 $ALDH_2$ 者

    E. 典型 ADH_2^1 及 $ALDH_1$ 者

4. 下列哪种情况不会诱发 G6PD 缺乏症个体出现急性溶血症状（　　）

    A. 服用喹啉类抗疟药   B. 服用氨苄西林   C. 服用阿司匹林

    D. 细菌性肺炎   E. 进食蚕豆

5. "蚕豆病"涉及的酶主要是

    A. 乙酰化酶   B. 葡萄糖 –6– 磷酸脱氢酶

    C. 丁酰胆碱酯酶   D. 芳烃羟化酶

    E. 过氧化氢酶

6. G6PD 缺乏症的遗传方式是

    A. 常染色体显性遗传（不完全显性）   B. 常染色体隐性遗传病

    C. X 连锁显性遗传病（不完全显性）   D. X 连锁隐性遗传病

    E. Y 连锁遗传

二、问答题

1. 根据所学知识,判断黄种人与白种人相比哪个更容易酒精中毒？为什么？
2. 吸烟与肺癌有什么关系？

【参考答案】

一、选择题

单选题（A1 型题）

1. C　2. A　3. A　4. B　5. B　6. C

二、问答题

1. 与白种人相比,黄种人更容易发生酒精中毒。其原因有：大多数白种人为 ADH_2^1 等位基因,编码的 ADH 为 $\beta_1\beta_1$ 二聚体;90% 的黄种人为 ADH_2^2 等位基因,编码的 ADH 为 $\beta_2\beta_2$ 二聚体。虽然 β_2 与 β_1、肽链中仅一个氨基酸不同(47 位胱氨酸→组氨酸),但 $\beta_2\beta_2$ 的酶活性高出 $\beta_1\beta_1$ 约 100 倍,故大多数白种人在饮酒后产生乙醛较慢,而黄种人蓄积乙醛速度较快,易出现酒精中毒症状。另外,几乎全部白种人都具有 $ALDH_1$ 和 $ALDH_2$ 两种同工酶,可及时氧化乙醛;而黄种人中约 50% 的个体仅有 $ALDH_1$ 而无 $ALDH_2$,故氧化乙醛的速度较慢。

2. 吸烟者易患肺癌,但也不是所有吸烟者均患肺癌。吸烟者是否患肺癌与个体的遗传基础有关。苯蒽化合物具有诱导 AHH 活性的作用,其诱导作用的高低因人而异,这取决于个体的遗传因素,AHH 诱导活性高的人吸烟时更易患肺癌。

（李荣耀）

第二十章 遗传病的诊断、治疗、预防与优生

【内容要点】

一、遗传病的诊断

（一）临床诊断

临床诊断是指对遗传病的现症病人进行诊断。

1. 病史采集

（1）家族史：主要了解本病在家族（包括直系和旁系亲属）成员中的发病情况，根据家族史可以画出系谱图，初步分析该病是否为遗传病以及可能的遗传方式。

（2）婚姻史：了解病人双亲的结婚年龄、婚配次数、配偶健康状况以及是否近亲结婚等。

（3）生育史：详细询问生育年龄、子女数目及健康状况、有无流产、早产、死产和畸形儿分娩史、新生儿死亡及分娩过程中有无异常情况（产伤、窒息等），母亲妊娠早期有无致畸因素接触史等，此外还要特别注意是否收养、过继、非婚生育等情况。

2. 症状和体征　每一种遗传病往往都有它特有的综合征，还要注意病人的身体发育快慢、智力发育水平、性器官及第二性征发育状况、肌张力以及啼哭声是否正常等。

3. 生物化学检查　生化检查主要是对酶和蛋白质结构和功能的检测，还包括反应底物、中间产物、终产物和受体与配体的检查。该方法对分子病、先天性代谢缺陷、免疫缺陷等疾病的诊断尤其适用。

4. 产前诊断

（1）产前诊断的对象：①夫妇一方有染色体数目或结构异常者，或曾生育过染色体病病童的孕妇；②夫妇一方是染色体平衡易位携带者或具有脆性 X 染色体家系的孕妇；③夫妇一方是某种单基因病病人，或曾生育过某种单基因病病童的孕妇；④夫妇一方有神经管畸形，或生育过开放性神经管畸形儿（无脑儿、脊柱裂等）的孕妇；⑤有原因不明的自然流产史、畸胎史、死产或新生儿死亡史的孕妇；⑥羊水过多的孕妇；⑦35 岁以上的高龄孕妇；⑧夫妇一方有明显致畸因素接触史者。

（2）产前诊断的主要方法有以下几种。①胎儿镜检查：又称羊膜腔镜或宫腔镜检查，宫腔镜进入羊膜腔后，直接观察胎儿表型、性别和发育状况，可以同时抽取羊水或胎儿血样进行检查，还可进行宫内治疗。②B 型超声波检查：是一种相对安全无创的检测方法，目前普遍应用于临床，能够检查胎儿外部形态和内部结构。③羊膜穿刺法：是产前诊断的基本方法之一，即在 B 超的监护和引导下，无菌抽取胎儿羊水，对羊水中的胎儿脱落细胞培养，进行染色体、基因和生化分析，羊膜穿刺操作一般在妊娠 16~20 周进行，此时羊水最多，穿刺时不易伤及胎儿，发

生感染、流产的风险相对较小。④绒毛取样法：又称绒毛吸取术，一般于妊娠 10~11 周进行；绒毛样本可用于诊断染色体、代谢病、生化检测和 DNA 分析，此法的优点是检查时间早，需做选择性流产时，可相对减轻孕妇的损伤和痛苦。⑤分析孕妇外周血中的胎儿细胞以及游离的胎儿 DNA 及 RNA。⑥植入前遗传学诊断：它是指用分子或细胞遗传学技术对体外受精的胚胎进行遗传学诊断，确定正常后再将胚胎植入子宫；PGD 技术能将产前诊断时限提早到胚胎植入之前，避免了产前诊断可能引起出血、流产和感染以及伦理问题，从而将避免人类遗传缺陷的发生掌控在最早阶段。

（二）遗传学检查

1. 系谱分析　　系谱分析是指先通过调查病人及其家庭成员的患病情况，绘制出系谱，再分析系谱确定该疾病遗传方式的一种方法。通过系谱分析有助于鉴别病人是否患有遗传病，以及遗传病是单基因病还是多基因病。对于单基因病病人，通过系谱分析可判断其遗传方式，进而确定病人家系中每个成员的基因型，评估家系成员的患病风险。

在绘制系谱过程中应注意以下几点：①在询问病人的家族史时，调查要充分，一般来说，一个完整的系谱要包括三代以上各成员的患病资料，对于家族中已故成员亦要尽可能详细考察死因，进行必要的核查；凡有近亲婚配、非婚生子女、养子女、死胎、流产和婴儿死亡等特殊情况，也需询问清楚，记录在系谱中。②分析显性遗传病时，对因延迟显性、不完全显性遗传病而造成的隔代遗传现象，应注意区别，防止误判为隐性遗传；年龄尚轻的家庭成员也要充分注意。③有些家系中，除先证者外可能找不到其他病人，此时不仅要考虑隐性遗传，还要考虑是否为新的突变发生。④要注意显性与隐性遗传概念的相对性，同一种遗传病，有时可因观察指标的不同而得出不同的遗传方式，从而导致错误估计。

2. 细胞遗传学检查　　细胞遗传学检查主要包括染色体检查和性染色质检查两种方法，主要适用于染色体异常综合征的检查。它可以从形态学方面直接观察到染色体是否出现异常。

（1）染色体检查：也称核型分析，是确诊染色体病的主要方法，即通过血液或组织培养制备染色体标本，经技术处理后进行形态学方面的观察分析。材料的来源主要是外周血、绒毛、羊水中胎儿脱落细胞、脐血和皮肤等各种组织。

在实际工作中，若遇到下列情形之一，应建议作染色体相关检查：①家族中已有染色体异常或先天畸形的个体；②夫妇之一有染色体异常者，如平衡易位携带者、结构重排、嵌合体等；③先天畸形，明显智力发育不全、生长发育迟缓的病人；④有反复流产史的妇女及其丈夫；⑤原发性闭经和女性不育症病人；⑥无精子症者、身材高大、性情粗暴的男性和男性不育症病人；⑦两性内外生殖器畸形者；⑧孕前和孕期曾接触致畸物的孕妇；⑨35 岁以上的高龄孕妇和长期接受电离辐射的人员。

（2）性染色质检查：包括 X 染色质和 Y 染色质检查。其检查材料可取自皮肤或口腔黏膜上皮细胞、女性阴道上皮细胞、羊水细胞及绒毛膜细胞等，检查简便易行。性染色质检查可以确定胎儿的性别以助于 X 连锁遗传病的诊断，判断两性畸形以及协助诊断由于性染色体数目异常所致的性染色体病。

3. 皮肤纹理分析　　皮纹具有高度稳定性和个体特异性特点。自 20 世纪 60 年代，随着对染色体遗传病的研究，人们发现染色体病病人大多伴有皮纹的改变，如唐氏综合征病人常有通贯掌、第五指指褶纹只有一条、t 点高位等特征。因而皮纹分析可作为遗传病特别是某些染色体病的辅助诊断手段。通过这部分内容的学习，要求了解某些遗传病发生时所表现出来的皮纹异常。

（三）基因诊断

基因诊断，是指利用 DNA 分析技术直接从基因水平（DNA 或 RNA）检测基因缺陷。与传统的诊断方法相比，基因诊断可直接从基因型推断表型，即可以越过产物（酶和蛋白质）直接检测基因结构是否正常，改变了传统的表型诊断方式，具有取材方便、针对性强、特异性强、灵敏度高、适应范围广等特点。基因诊断不受基因表达的时空限制，也不受取材细胞类型和发病年龄的限制，为分析某些延迟显性的常染色体显性遗传病提供了可能。该项技术还可以从基因水平了解遗传异质性，有效地检出携带者，因此已成为遗传病诊断中的重要手段。

1. 限制性片段长度多态性　限制性片段长度多态性是指人群中不同个体间基因的核苷酸序列存在差异，也称为 DNA 多态性，可用 Southern 印迹杂交法或 PCR 扩增产物酶解法检出。由于碱基替换，可能出现某一限制性酶切位点的增加或消失。当用同一种限制性酶切割不同个体的 DNA 时，所得限制性酶切片段可出现大小和数量差异，即引起限制性酶切图谱的变化。这就是说，这类基因突变可通过限制性内切酶 DNA 或结合基因探针杂交的方法检测出来。

2. 聚合酶链反应　聚合酶链反应（PCR）是模拟体内条件下 DNA 聚合酶特异性扩增某一 DNA 片段的技术。PCR 具有灵敏度高、特异性好、操作方便、结果准确可靠、反应快速等优点。PCR 反应体系由基因组 DNA、一对引物 dNTP、TaqDNA 聚合酶、酶反应缓冲系统必需的离子浓度等组成。通过加热、变性、复性、延伸循环等一系列过程，可在 2~3h 内使特定的微量的基因或 DNA 片段扩增数十万乃至百万倍以上。PCR 模板 DNA 可来自一个细胞、一根头发、一个血斑、一滴精斑、已固定过或经石蜡包埋的标本。PCR 还经常结合其他技术进行基因诊断，如 PCR-ASO（PCR- 等位基因特异性寡核苷酸探针杂交）、PCR-RFLP（PCR- 限制性片段长度多态性连锁分析）、RT-PCR（反转录 PCR）等。

3. DNA 测序　DNA 测序技术就是测定 DNA 中碱基的顺序。可用来检测基因的突变部位和类型，是目前最基本的检测基因突变的一种方法，大多数单基因遗传病都可用相关候选基因进行 PCR 扩增、回收、纯化及测序，寻找致病的突变位点。

4. DNA 芯片　DNA 芯片也叫基因芯片或微阵，是一种高效准确的 DNA 序列分析技术，近年来发展十分迅速。DNA 芯片大小如一指甲盖，其基质一般是经处理后的玻璃片，其原理是核酸杂交。DNA 芯片可同时检测多个基因乃至整个基因组的所有突变，可用于大规模筛查由基因突变所引起的疾病。利用该技术可在 DNA 水平上寻找检测与疾病相关的内源基因和外源基因。

二、遗传病的治疗

遗传病的治疗可以分为四类：手术治疗、药物治疗、饮食治疗和基因治疗。手术治疗可用于对遗传病所造成的畸形加以校正或修补，还可利用器官移植术将正常的器官植入病人体内以代替病损的器官。药物治疗即用药物将病人体内的各种多余的代谢产物排出体外或从根本上抑制这一产物的生产。药物治疗还有一个作用是使由于缺乏某种酶而不能正常进行的代谢反应转而正常地进行下去。饮食疗法是针对代谢过程的紊乱所造成的底物或前体物质的堆积情况为病人制订一个特殊的食谱，以此来控制底物或前体物质的堆积，从而减轻病人的症状。基因治疗是最有前景的治疗基因病的方法。它利用 DNA 重组技术修复病人体内的有缺陷的基因，使细胞的正常功能得以恢复。根据体细胞的不同将基因治疗分为生殖细胞基因治疗和体细胞基因治疗两类。生殖细胞基因治疗是将正常基因转移到病人的生殖细胞中而将其发育成一个正常的个体。体细胞基因治疗是将正常基因转移到有基因缺陷的体细胞中表达以达到治疗的目的。基因治疗的基本策略包括基因修正和基因添加两大类。基因修正是人们心目中最理想的治疗方法,是用一个正常的基因将致病基因替换下来,这样可以在基因原位将其修复。基因添加是非定点的导入外源正常基因,令其在病人体内发挥作用。在基因添加中,原有的致病基因并未除去。

三、遗传病的预防

在这一节中要求重点掌握遗传病预防的主要环节和遗传咨询、产前诊断、携带者检出的概念,掌握遗传咨询的程序以及产前诊断的指征和方法,掌握遗传病再发风险的估算。

遗传病预防的主要环节包括遗传病的普查登记、新生儿筛查、遗传咨询、产前诊断和环境保护等。

1. 新生儿筛查　新生儿筛查是在症状出现前及时诊断先天性代谢病的有效手段。如对于苯丙酮尿症,通过新生儿筛查可在症状出现之前发现患儿,再通过控制饮食使患儿避免出现智力低下等严重的病损。所以新生儿筛查可大大降低某些遗传病的发病率。

2. 遗传咨询　遗传咨询也叫遗传商谈,是在一个家庭中减少遗传病病人的有效手段。遗传咨询的五个主要步骤包括:①确诊;②家系调查;③告知;④建议;⑤随访。遗传咨询医师要告知病人其家庭遗传病的发病原因、传递方式、治疗方法、预后及再发风险等,同时还要给病人提出最恰当的建议。

3. 产前诊断　产前诊断又称为宫内诊断,是通过直接或间接的方法对胎儿进行疾病诊断的过程。目前能进行产前诊断的遗传病包括:①染色体病;②一些特定的酶缺陷所致的先天性代谢病;③可利用基因诊断方法诊断的遗传病;④多基因遗传的神经管缺陷(NTD);⑤有明显形态改变的先天畸形。产前诊断可以有效地预防遗传病患儿的出生,降低遗传病的发病率,因为一旦胎儿被诊断为患有遗传病,则可以通过人工流产的方式终止妊娠。

在现有的条件下,产前诊断技术大致可分为四类,即直接观察胎儿的表型改变、染色体检查、生化检测及基因诊断。直接观察胎儿表型改变的主要方法有胎儿镜检查、B型超声扫描等,其中B型超声检查更具有无创伤的优点。染色体检查、生化检查和基因诊断则都需要通过绒毛取样和羊膜穿刺取得样本后再进一步完成。绒毛取样即进入宫腔内吸取绒毛枝,选择正在生殖出芽的进行短期培养后,做染色体检查、生化检查或基因诊断。羊膜穿刺是在穿刺进入羊膜腔后抽取羊水,离心后,取上清液做生化检测,羊水中的胎儿脱落细胞可进行染色体检查及基因诊断。

进行产前诊断的指征包括:①夫妇任一方有染色体异常;②曾生育过染色体病病童的孕妇;③夫妇任一方为单基因病病人;④曾生育过单基因病病童的孕妇;⑤有不明原因的习惯性流产史、畸胎史、死产或新生儿死亡史的孕妇;⑥羊水过多的孕妇;⑦夫妇一方曾接触致畸因素;⑧年龄大于35岁的孕妇;⑨有遗传病家族史的近亲婚配夫妇。

4. 携带者的检出　携带者指表型正常但携带异常染色体或致病基因的个体。由于携带者本身并无临床症状,却能将致病基因传递给下一代导致发病率的增加,所以在实际工作中我们应该重视从人群中找出携带者,即携带者检出的工作。

携带者的检出方法包括临床水平、细胞水平、生化水平和基因水平四大类。临床水平的方法主要从临床症状上来分析某人可能是一个携带者,但不能确诊;细胞水平的方法可检查出异常染色体携带者,如倒位、易位染色体的携带者;生化水平的方法主要是从酶及蛋白质的量和活性的改变上发现遗传物质的改变,继而找出携带者;基因水平的方法是直接在 DNA 水平上检测致病基因。

四、优生

优生学是以遗传学、医学为基础,研究如何改进人类遗传素质的一门科学。根据其侧重不同,可分为正优生学和负优生学。正优生学即演进优生学,研究如何增加能产生有利表型的等位基因频率。正优生学措施包括:①人工授精;②体外受精 – 胚胎移植,胚胎移植技术即试管婴儿;③重组 DNA 技术。负优生学又称预防性优生学,侧重于研究如何降低产生不利表型的等位基因频率。实际上是遗传病的预防问题,主要包括:环境保护、携带者的检出、遗传咨询、婚姻指导、选择性流产和新生儿筛查等。

综合来讲,我国推行优生的主要措施有以下几个方面:①开展遗传咨询、产前诊断工作;②建立并推行优生优育法规;③严格实行婚前优生保健检查;④提倡适龄婚育;⑤注意环境保护。

【难点解析】

一、基因诊断的常用技术

基因诊断是指利用 DNA 分析技术直接从基因水平(DNA 或 RNA)检测基因缺陷。基因诊断技术的原理为 DNA 特殊的双链螺旋结构及以碱基互补为基础的 DNA 半保留复制规律。学习时应注意 DNA 的结构与功能、基因与基因突变等相关知识的复习。基因诊断不仅可对已发病的病人做出诊断,还可以在发病前做出症状前基因诊断,也能对有患遗传病风险的胎儿做出生前基因诊断。基因诊断不受基因表达的时空限制,也不受取材细胞类型和发病年龄的限制,为分析某些延迟显性的常染色体显性遗传病提供了可能。该项技术还可以从基因水平了解遗传异质性,有效地检出携带者,因此已成为遗传病诊断中的重要手段。常用的基因诊断方法有限制性片段长度多态性(RFLP)、聚合酶链反应(PCR)、DNA 测序、DNA 芯片。

二、单基因病再发风险估计

单基因病可根据家系调查获得的信息绘制系谱,按孟德尔遗传规律加以估计。若所获信息能确定亲代的基因型,则子代的再发风险可按单基因遗传的传递规律估计出来。若亲代的基因型不能确定,那么子代的再发风险可按 Bayes 逆概率确定。

在夫妇双方或一方的基因型不能确定的情况下,要利用家系资料或其他有关数据,用 Bayes 逆概率定理来推算再发风险。Bayes 定律是一种确认两种相互排斥事件(互斥事件)相对概率的理论。在医学遗传学中,有两种情况较多使用 Bayes 定律:一是 AD 不完全外显遗传或延迟显性遗传的情形;二是某人可能为 AR 或 XR 隐性致病基因的携带者。

利用 Bayes 理论,遗传咨询中概率的计算包括:①前概率,是指根据孟德尔定律推算出来的理论概率。对同一种遗传病而言,每一家系、每一组合的前概率都是固定不变的。②条件概率,是根据已知家庭成员的健康状况、正常孩子数、子代发病情况、实验检查结果等资料,推算出产生这种特定情况的概率。③联合概率,是前概率和条件概率所描述的两事件同时发生的概率,即两概率的乘积。④后概率,又称总概率,指每一联合概率在所有联合概率中所占的比例。与前概率相比,后概率还包括该家系的其他信息,所以数据更为准确。

利用 Bayes 理论计算遗传咨询概率时,首先,应搞清所分析的遗传病是常染色体不完全外显、常染色体隐性遗传或是 X 连锁隐性遗传。其次,要根据调查结果绘制准确家系谱,依据家系谱计算出前概率、条件概率及后概率。最后,根据条件概率及家系中其他信息算出后概率。

【练习题】

一、名词解释

1. 产前诊断
2. 基因诊断
3. 遗传咨询
4. 优生学

二、选择题

(一)单项选择题(A1 型题)

1. 性染色质检查可以对下列哪种疾病进行辅助诊断( )。
   - A. Turner 综合征
   - B. 21- 三体综合征
   - C. 18- 三体综合征
   - D. 苯丙酮尿症
   - E. 地中海贫血

2. 临床上诊断 PKU 患儿的首选方法是( )。
   - A. 染色体检查
   - B. 生化检查
   - C. 系谱分析
   - D. 性染色质检查
   - E. 基因诊断

3. 进行产前诊断的指征不包括( )。
   - A. 夫妇任一方有染色体异常
   - B. 曾生育过染色体病患儿的孕妇
   - C. 夫妇任一方为单基因病病人
   - D. 曾生育过单基因病患儿的孕妇
   - E. 年龄小于 35 岁的孕妇

4. 对孕妇及胎儿损伤最小的产前诊断方法是( )。
   - A. 羊膜穿刺术
   - B. 胎儿镜检查
   - C. B 型超声扫描
   - D. 绒毛取样
   - E. X 线检查

5. 下列哪种疾病应进行染色体检查( )。
   - A. 21- 三体综合征
   - B. α 地中海贫血
   - C. 苯丙酮尿症
   - D. 假肥大型肌营养不良症
   - E. 白化病

6. 家族史即( )。
   - A. 病人父系所有家庭成员患同一种病的情况
   - B. 病人母系所有家庭成员患同一种病的情况
   - C. 病人父系及母系所有家庭成员患病的情况
   - D. 病人父系及母系所有家庭成员患同一种病的情况
   - E. 以上都不是

7. 性染色质检查常用来辅助诊断下列哪种疾病( )。
   - A. 常染色体数目畸变
   - B. 常染色体结构畸变
   - C. 性染色体数目畸变
   - D. 性染色体结构畸变
   - E. 性染色体数目畸变和结构畸变

8. 以寡核苷酸探针做基因诊断时,如待测基因能与正常探针及突变探针同时结合,则表明该个体为（　　　）。

　　A. 正常个体　　　　　　B. 病人　　　　　　　C. 杂合体

　　D. 无法判断　　　　　　E. 以上都不是

9. 关于 DNA 体外扩增,下列哪项是错误的（　　　）。

　　A. 此方法需要基因探针

　　B. 它是以 DNA 变性、复性性质为基础的 DNA 反复复制的过程

　　C. 需要一对与待测 DNA 片段的两条链的两端分别互补的引物

　　D. 需要 DNA 聚合酶

　　E. 以上都不是

10. 羊膜穿刺的最佳时期是（　　　）。

　　A. 孕 7~9 周　　　　　　B. 孕 8~16 周　　　　C. 孕 16~20 周

　　D. 孕 20 周以后　　　　E. 以上都不是

11. 正优生学的主要措施包括（　　　）。

　　A. 环境保护　　　　　　B. 携带者检出　　　　C. 遗传咨询

　　D. 遗传工程　　　　　　E. 新生儿筛查

12. 负优生学的主要措施包括（　　　）。

　　A. 人工授精　　　　　　B. 单性生殖　　　　　C. 环境保护

　　D. 遗传工程　　　　　　E. 以上都不是

（二）多选题（X 型题）

1. 性染色质检查可以对下列哪几种疾病进行辅助诊断（　　　）。

　　A. Turner 综合征　　　　　　　　B. 先天性睾丸发育不全综合征

　　C. 18- 三体综合征　　　　　　　　D. 苯丙酮尿症

　　E. 超雄综合征

2. 进行产前诊断的指征包括（　　　）。

　　A. 夫妇任一方有染色体异常　　　B. 曾生育过染色体病患儿的孕妇

　　C. 夫妇任一方为单基因病病人　　D. 曾生育过单基因病患儿的孕妇

　　E. 年龄小于 35 岁的孕妇

3. 临床上产前诊断常用方法有（　　　）。

　　A. 羊膜穿刺术　　　　　B. 胎儿镜检查　　　　C. B 型超声扫描

　　D. 绒毛取样　　　　　　E. X 线检查

4. 核型分析可诊断下列哪几类遗传病（　　　）。

　　A. 单基因病　　　　　　B. 多基因病　　　　　C. 染色体数目异常

　　D. 染色体结构异常　　　E. 所有遗传病

5. 染色体病主要临床特征有（　　　）。

　　A. 生长发育迟缓　　　　B. 单发畸形　　　　　C. 智力障碍

　　D. 皮纹改变　　　　　　E. 性发育异常

6. 下列哪些疾病可用系谱分析法判断遗传方式（　　　）。

　　A. 常染色体显性遗传病　B. 多基因遗传病　　　C. 线粒体遗传病

　　D. 常染色体隐性遗传病　E. 体细胞遗传病

7. 我国推行优生的主要措施有哪些（ ）。

    A. 遗传咨询   B. 提倡适龄婚育

    C. 严格实行婚前优生保健检查   D. 注意环境保护

    E. 建立并推行优生优育法规

三、填空题

1. 遗传病的诊断可分为_____、_____和_____三种类型。

2. 表型正常但带有致病遗传物质的个体称为_____，它可以将这一有害的遗传信息传递给下一代。

3. 遗传病诊断的实验室检查主要包括_____、_____及_____。

4. 家族史即整个家系患_____，它应能够充分反映病人父系和母系各家族成员的发病情况。

5. 细胞遗传学检查包括_____和_____。

6. 携带者的检出方法包括_____、_____、_____和_____四个水平。

7. _____是临床上诊断单基因病的首选方法。

8. 基因诊断的最基本工具包括_____和_____。

9. 遗传病的治疗大致上可分为以下四类：_____、_____、_____、_____。

10. 药物治疗遗传病的原则可以概括为_____。

11. 基因治疗是指运用_____修复遗传病病人细胞中有缺陷的基因，使细胞恢复正常功能，遗传病得到治疗。

12. 基因治疗按其受体细胞不同分类有_____和_____两类。

13. 通过直接或间接的方法在胎儿出生前诊断其是否患有某种疾病叫做_____。

14. 产前诊断的方法可分为七类，即_____、_____、_____、_____、_____、_____及_____。

15. 直接观察胎儿的表型改变可通过_____、_____及_____来完成。

四、问答题

1. 遗传病临床诊断的主要步骤是什么？

2. 遗传病治疗的主要手段有哪些？

3. 遗传病实验室检查的主要方法有哪些？

4. 什么是产前诊断？产前诊断的主要方法有哪些？

5. 在临床上染色体检查的指征是什么？

6. 遗传咨询的主要步骤是什么？

【参考答案】

一、名词解释

1. 产前诊断   产前诊断又称宫内诊断。对孕期胎儿性别及其健康状况进行检测，目的是预防遗传病患儿的出生或对某些可治的遗传病患儿进行早期确诊和治疗。

2. 基因诊断   是指利用 DNA 分析技术直接从基因水平（DNA 或 RNA）检测基因缺陷。

3. **遗传咨询** 遗传咨询又叫遗传商谈,是指医生或医学遗传学工作者和咨询者就某种遗传病在一个家庭中的发生、再发风险和防治上所面临的问题进行商谈和讨论。

4. **优生学** 优生学是应用遗传学、医学等原理和方法研究如何改良人类遗传素质的科学。

二、选择题

（一）单选题（A1 型题）

1. A　2. B　3. E　4. C　5. A　6. D　7. C　8. C　9. A　10. C　11. D　12. C

（二）多选题（X 型题）

1. ABE　2. ABCD　3. ABCDE　4. CD　5. ACDE　6. AD　7. ABCDE

三、填空题

1. 临床诊断；产前诊断；基因诊断

2. 携带者

3. 细胞遗传学检查；生化检查；基因诊断

4. 同种疾病的历史

5. 染色体检查；性染色质检查

6. 临床水平；细胞水平；生化水平；基因水平

7. 生化检查

8. 探针；限制性内切酶

9. 手术治疗；药物治疗；饮食治疗；基因治疗

10. 补其所缺,禁其所忌,去其所余

11. DNA 重组技术

12. 生殖细胞基因治疗；体细胞基因治疗

13. 产前诊断

14. X 线检查；超声波检查；胎儿镜检查；羊膜穿刺术；绒毛吸取术；脐带穿刺术；植入前诊断

15. X 线检查；胎儿镜检查；B 型超声扫描

四、问答题

1. ①病史采集、症状检查和体征分析；②系谱分析；③遗传学检查；④生化检查。

2. 遗传病治疗手段包括常规治疗和基因治疗。

常规治疗有手术治疗及药物与饮食疗法。①手术治疗,包括手术矫正、器官和组织移植。②药物及饮食疗法,包括产前药物治疗、症状前治疗及现症病人治疗。治疗原则为"补其所缺、禁其所忌、去其所余"。

基因治疗,传统的基因治疗是指通过基因转移技术将目的基因插入适当的受体细胞中,成为病人遗传物质的一部分,外源基因的表达产物起到对疾病的治疗作用。广义的基因治疗还包括通过一些药物或反义 RNA,在 DNA 或 RNA 水平上采取治疗某些疾病的措施和技术。基因治疗是治疗遗传病的理想方法。

3. 遗传病实验室检查的主要方法包括染色体检查、性染色质检查、生化检测及基因诊断。染色体检查也叫核型分析,是确诊染色体病的最终手段;性染色质检查可辅助诊断性染色体数目畸变所造成的疾病;生化检查是临床上诊断单基因病的首选方法;而基因诊断是指利用 DNA 分析技术直接从基因水平(DNA 或 RNA)检测基因缺陷,是诊断遗传病最有前途的方法。

4. 产前诊断又称宫内诊断,是通过直接或间接的方法对胎儿进行疾病诊断的过程。目前能进行产前诊断的遗传病包括:①染色体病;②一些特定的酶缺陷所致的先天性代谢病;③可利用基因诊断方法诊断的遗传病;④多基因遗传的神经管缺陷(NTD);⑤有明显形态改变的先天畸形。产前诊断可以有效地预防遗传病患儿的出生,降低遗传病的发病率。产前诊断技术大致可分为四类,即直接观察胎儿的表型改变、染色体检查、生化检测及基因诊断。直接观察胎儿表型改变的主要方法有胎儿镜检查、B 型超声扫描等。染色体检查、生化检查和基因诊断则都需要通过绒毛取样和羊膜穿刺取得样本后再进一步完成。

5. 在临床工作中,如遇到下列情形之一,应建议做染色体检查:①先天畸形,有明显的智力发育不全、生长迟缓的病人;②家族中已有染色体异常或先天畸形的个体;③夫妇之一有染色体异常且准备生育者;④有反复多次早期流产史的妇女及其丈夫;⑤原发性闭经和女性不育症病人;⑥无精子症男子和男性不育症病人;⑦两性内外生殖器官畸形者;⑧孕前或孕期曾接触致畸物的孕妇;⑨35 岁以上高龄孕妇。

6. 遗传咨询的五个主要步骤包括:①确诊;②家系调查;③告知;④建议;⑤随访。遗传咨询医师要告知病人,在他的家庭中所发生的遗传病的病因、传递方式、治疗方法、预后及再发风险等,同时还要给病人提出一些最恰当的建议。

（高江原）